Yasmin Abdel Latif
Jihan Hussein
Zakaria El-Khayat

Obesidade e regulação da ingestão alimentar

Yasmin Abdel Latif
Jihan Hussein
Zakaria El-Khayat

Obesidade e regulação da ingestão alimentar

ScienciaScripts

Imprint
Any brand names and product names mentioned in this book are subject to trademark, brand or patent protection and are trademarks or registered trademarks of their respective holders. The use of brand names, product names, common names, trade names, product descriptions etc. even without a particular marking in this work is in no way to be construed to mean that such names may be regarded as unrestricted in respect of trademark and brand protection legislation and could thus be used by anyone.

Cover image: www.ingimage.com

This book is a translation from the original published under ISBN 978-620-2-30638-6.

Publisher:
Sciencia Scripts
is a trademark of
Dodo Books Indian Ocean Ltd. and OmniScriptum S.R.L publishing group

120 High Road, East Finchley, London, N2 9ED, United Kingdom
Str. Armeneasca 28/1, office 1, Chisinau MD-2012, Republic of Moldova, Europe
Printed at: see last page
ISBN: 978-620-7-70197-1

Introdução

A homeostase energética refere-se ao equilíbrio entre a ingestão de energia, incluindo a ingestão através da forma de alimentos e bebidas, e o gasto de energia, incluindo o gasto de energia em repouso (metabolismo basal) e a atividade física durante um período prolongado em animais adultos. (Em indivíduos obesos, o longo desequilíbrio entre o gasto energético ou a energia consumida e a ingestão de energia leva ao aumento de peso e à acumulação excessiva de gordura corporal **(Ebbert et al., 2013)**

A regulação do apetite, da ingestão de energia e do dispêndio de energia para atingir a homeostase energética é efectuada através de mecanismos de feedback. Quando estes mecanismos de feedback estão em vigor, o equilíbrio energético é mantido e a adiposidade corporal é estável **(Guyenet e Schwartz, 2012).**

Um sistema de "feedback negativo da adiposidade", formado pela integração de vários sinais periféricos e do sistema nervoso central. Foram propostos quatro critérios para ser um sinal de feedback negativo. Estes critérios são: (1) que atravesse a barreira hemato-encefálica; (2) que o seu nível de circulação seja proporcional ao nível de adiposidade; (3) que exerça uma função de perda de peso através da ação sobre os sistemas neuronais envolvidos na homeostase energética; e (4) que a inibição destas acções neuronais resulte em obesidade **(Guyenet e Schwartz, 2012).**

O hipotálamo, através dos seus vários núcleos (nomeadamente o núcleo ventromedial (VMN), o núcleo paraventricular (PVN), o núcleo dorsomedial (DMN), a área hipotalâmica lateral (LHA) e o núcleo arqueado (ARC)), o mesencéfalo e o tronco cerebral (nomeadamente o núcleo motor dorsal do vago (DVN), área postrema (AP) e núcleo do trato-solitário (NTS)), estão todos envolvidos na regulação central da homeostase energética e da termogénese e desempenham um papel fundamental no sistema de "feedback negativo da adiposidade". Este núcleo recebe e integra múltiplos sinais neuronais e hormonais sobre a homeostase energética.

Sinais periféricos, incluindo algumas hormonas (como a grelina, a colecistoquinina, o péptido-1 semelhante ao glucagon, o péptido YY, a leptina, a adiponectina e a insulina), citocinas (como a interleucina-6, fator de necrose tumoral-a) e nutrientes (como os ácidos gordos livres e a glicose), que se integram e transmitem aos neuropeptídeos POMC/CART (efeitos orexígenos, inibem a ingestão de alimentos) e AGRP/NPY (efeitos orexígenos, promovem a ingestão de alimentos) expressos no cérebro. Estes neuropeptídeos enviam sinais para os seus alvos a jusante, os MC4R e os MC3R. O MC4R é um regulador-chave da homeostase energética central, a sua ativação diminui a ingestão de alimentos, aumenta o gasto energético e induz a termogénese dos adipócitos através do sistema nervoso sistémico **(Guyenet e Schwartz, 2012).**

A sinalização através dos MC4R (as proteínas Gs nas membranas celulares activam a enzima adenilateciclase) ativa o sistema nervoso simpático (SNS), levando a um aumento da libertação de norepinefrina. Após a libertação de norepinefrina pelas terminações nervosas simpáticas, as NA ligam-se aos receptores adrenérgicos na superfície de todos os tecidos que contêm estes receptores. O tecido adiposo possui uma grande quantidade de adrenorreceptores na sua superfície. Quando as NA se ligam aos receptores beta-adrenérgicos, as proteínas Gs das membranas celulares activam a enzima adenilateciclase. A adenilateciclase converte então o ATP em 3'-5' cAMP. O cAMP liga-se então à subunidade reguladora da proteína quinase A (PKA). Uma vez ligada ao AMPc, a PKA liberta as suas subunidades catalíticas. A subunidade catalítica fosforila o HSL (HSL-P). A HSL-P catalisa então uma reação de hidrólise em três etapas para reduzir os triglicéridos em glicerol e ácidos gordos. (Processo de lipólise) **(Guyenet e Schwartz,**

2012).

A ativação dos receptores MC4R e ʙ-adrenérgicos induz a desacoplagem mitocondrial da proteína-1 (UCP-1) no tecido adiposo castanho. A indução da UCP-1 gera calor ao desacoplar a fosforilação oxidativa no tecido adiposo castanho (desacoplando a entrada de protões da síntese de ATP), pelo que a expressão da UCP-1 dissipa a energia sob a forma de calor. A expressão do gene específico dos adipócitos castanhos, a proteína desacopladora 1 (UCP1), é aumentada pela estimulação PPARʏ viacAMP/PKA activation pathway.PPAR-alpha activity que promove a diferenciação dos adipócitos **(Guyenet e Schwartz, 2012).**

Assim, os receptores de mealnocortina-4 no cérebro e os receptores beta-adrenérgicos no tecido adiposo, que pertencem à família dos receptores acoplados à proteína G, que transduzem sinais através do acoplamento à proteína G-estimuladora heterotrimérica, são responsáveis pelo sistema de equilíbrio energético e pela ingestão de alimentos e qualquer mutação que ocorra nos seus ciclos afecta o AMPc e este sistema de equilíbrio e causa obesidade **(Marc Schneeberger et al., 2014). Além** disso, o sistema da melanocortina é um importante alvo de tratamento para melhorar tanto a adiposidade (excesso de gordura corporal) como a adiposopatia (gordura corporal disfuncional) **(Kievit et al., 2013; Fani et al., 2014; Chen et al., 2015, Lee et al., 2015).**

O monofosfato de adenosina cíclico (AMPc, AMP cíclico ou 3'-5'-monofosfato de adenosina cíclico) é um segundo mensageiro importante em muitos processos biológicos. **(Zhang et al., 2012;Langeberg e Scott, 2015)**

O AMPc é um regulador-chave da homeostase energética, envolvido em vários processos bioquímicos em quase todos os tecidos do nosso corpo. Muitas hormonas, como a vasopressina, a dopamina, a serotonina, a norepinefrina, a histamina ou a prostaciclina, actuam através deste mensageiro secundário. O AMPc desempenha um papel crucial na homeostase da glicose, no metabolismo lipídico e no equilíbrio energético, mediando a sinalização do stress e da fome através dos receptores da adrenalina e do glucagon. Além disso, o AMPc desempenha um papel na lipólise, na termogénese, na síntese de colesterol, na produção de testosterona, na sinalização cardíaca de Ca^{2+}, na migração de células cancerígenas, na aprendizagem e nas interacções sociais, na exocitose, na diferenciação neuronal e no crescimento dos neurónios, na hipertrofia cardíaca, na prevenção da fibrose dos tecidos, no relaxamento dos músculos lisos e na apoptose neuronal **(Laurent et al, 2012; Xia et al., 2012; Yan et al., 2012).**

Balanço energético "O sistema homeostático"

O balanço energético obedece à Primeira Lei da Termodinâmica, que afirma: "A energia dentro de um sistema fechado permanece constante". Esta lei é geralmente interpretada como "Se comer (ingestão de energia), tem de a queimar (gasto de energia), ou irá armazená-la (aumento de peso)" **(Lustig, 2006; Hall, 2012 e Zhan et al., 2013).**

Toda a rede de equilíbrio energético deve ser elucidada para compreender plenamente a etiologia da obesidade. Como já foi referido, a obesidade resulta de um desequilíbrio entre a ingestão e a produção de energia, o que promove o armazenamento de energia. A ingestão de energia é simplesmente a quantidade de alimentos absorvidos, enquanto a produção é a energia gasta através da taxa metabólica de repouso, o efeito térmico dos alimentos, a termorregulação e a atividade física **(Hill et al., 2012; Hall et al., 2015).**

A investigação revelou todos os tipos de locais de regulação central e periférica, hormonas, péptidos, receptores e genes envolvidos no equilíbrio energético. Todos estes componentes individuais trabalham em conjunto para formar sistemas complexos de controlo central e periférico **(Zeltser et al., 2012; Zhan et al., 2013).**

Esta elaborada rede de sistemas foi concebida para corrigir continuamente o balanço energético positivo e negativo. O balanço energético positivo, que leva à obesidade, ocorre quando a ingestão de energia excede o gasto de energia. O balanço energético negativo é exatamente o oposto e resulta na perda de peso **(Guyenet e Schwartz, 2012; Zhan et al., 2013).**

A obesidade como uma perturbação da homeostase energética

Definição de obesidade

A obesidade é uma doença metabólica complexa e multifatorial, que resulta de um desequilíbrio entre a ingestão e o gasto energético, produzindo uma acumulação excessiva de depósitos de gordura **(Ebbert et al., 2013)**, que pode ter origens genéticas e/ou comportamentais envolvendo a quantidade e a qualidade da ingestão alimentar **(Sefer et al., 2009; Grimm e Steinle, 2011).**

A obesidade é essencialmente uma acumulação excessiva de triacilgliceróis no tecido adiposo que é o resultado líquido de uma ingestão excessiva de energia em comparação com a utilização de energia **(Pecketta et al., 2011)**. Outra definição de obesidade é uma perturbação dos sistemas de regulação do peso corporal caracterizada por uma acumulação de excesso de gordura corporal **(Ebbert et al., 2013)**. Além disso, novas pesquisas mostram a obesidade como uma doença inflamatória que pode ser uma doença inflamatória sistémica de baixo grau **(Wang et al., 2012; Thaler et al. 2010 e Gerardo Mendoza-Azpur et al., 2015).**

A obesidade é um importante problema de saúde e está a atingir proporções epidémicas tanto nos países desenvolvidos como nos países em desenvolvimento. De acordo com a Organização Mundial de Saúde, "o excesso de peso e a obesidade são definidos como uma acumulação anormal ou excessiva de gordura que representa um risco para a saúde" **(Team et al., 2012; WHO Fact Sheet, 2015).**

O índice de massa corporal (IMC) é um indicador de obesidade comummente utilizado, que descreve a relação entre a altura e a massa corporal de um indivíduo, uma vez que o IMC dá uma medida do peso relativo, ajustado à altura. O IMC é calculado, tanto para homens como para mulheres, da seguinte forma IMC = (peso em kg)/ (altura em metros)^2 . Uma pessoa com um IMC superior a 25 kg/m^2 é considerada com excesso de peso, enquanto uma pessoa com um IMC superior a 30 kg/m^2 é considerada obesa. **(WHO Fact Sheet, 2015; Thea Steen e Margarete Erika 2015)**

Prevalência da obesidade

A obesidade é atualmente considerada uma doença pandémica devido à sua elevada prevalência e à sua associação a uma série de doenças potencialmente fatais. Um grande número de adultos é considerado obeso e prevê-se que este número aumente para mais de 700 milhões em 2015. A prevalência da obesidade varia consoante o género. Há 50% mais mulheres obesas do que homens, e o rácio de obesidade é geralmente muito mais elevado nos países ocidentalizados **(WHO Fact Sheet 2015, Guyenet e Schwartz., 2012).**

Em 2013, 42 milhões de crianças com menos de 5 anos tinham excesso de peso ou eram obesas. As projecções da Organização Mundial de Saúde para 2014 indicam que mais de 1,9 mil milhões de adultos, com 18 anos ou mais, tinham excesso de peso. Destes, mais de 600 milhões eram obesos. Em 2014, 39% (38% dos homens e 40% das mulheres) dos adultos com 18 anos ou mais tinham excesso de peso e 13% (11% dos homens e 15% das mulheres) eram obesos. A prevalência mundial da obesidade mais do que duplicou entre 1980 e 2014 **(WHO Fact Sheet, 2015; Juni, 2015).**

A região do Mediterrâneo Oriental tem uma das mais elevadas prevalências de obesidade a nível mundial. Isto é particularmente verdade para os países da região, como a Arábia Saudita, onde a prevalência da obesidade é de 23% nos homens e 36,4% nas mulheres, e o Egipto, onde a prevalência da obesidade é de 22% nos homens e 48% nas mulheres, e estão colocados no top 20 dos países mais obesos **(Butheinah et al., 2014).**

A obesidade está associada a alterações fisiológicas que causam ou contribuem para o desenvolvimento de doenças, incluindo doenças cardiovasculares (principalmente doenças cardíacas, aterosclerose e acidente vascular cerebral), diabetes tipo 2, hiperinsulinemia, resistência à insulina, doença hepática gorda não alcoólica, hipertensão, doença da vesícula biliar, osteoartrite, acidente vascular cerebral, esteatohepatite, inflamação, cancro, apneia do sono e infertilidade **(Nguyen e El-Serag, 2012; Ogden, 2010; WHO Fact Sheet, 2015).**

Associações Clínicas da Obesidade (Consequências metabólicas da obesidade)

Existem várias complicações na sequência da obesidade. A obesidade está associada a um risco acrescido de doenças crónicas, tais como

- **Doença hepática:** como a doença hepática gorda não alcoólica. A obesidade aumenta a possibilidade de doença hepática gorda devido à acumulação de gordura no fígado. Está associada à acumulação de TG no fígado (**Loomba e Sanyal, 2013; Raziel et al., 2015; Yki-Jarvinen, 2015).**

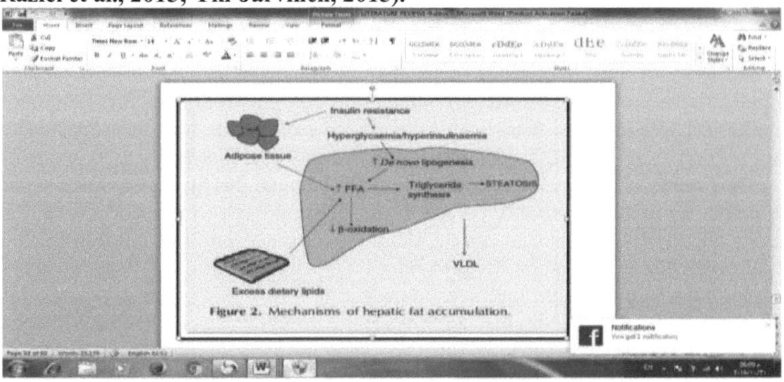

Fig. 1 Mecanismos de acumulação de gordura hepática

- **Diabetes de tipo 2, intolerância à glucose, hiperinsulinemia, resistência à insulina e síndrome metabólica.** A síndrome metabólica é um grupo de sintomas que inclui resistência à insulina, intolerância à glicose, níveis de colesterol de lipoproteína de alta densidade (HDL), hipertensão, níveis elevados de triglicéridos e diabetes tipo 2 (**Rizvi et al., 2014, Adriana et al., 2014**). A diabetes tipo 2 caracteriza-se por níveis crónicos elevados de glicose no sangue causados por defeitos na secreção e na ação da insulina. Uma pessoa desenvolve diabetes mellitus tipo 2 quando as células B pancreáticas, que estão a produzir insulina, já não conseguem compensar a resistência à insulina e o aumento dos níveis de glicose (**McLaughlin et al., 2014; Govers et al., 2015**).
- **Doença cardiovascular:** principalmente doença cardíaca, aterosclerose e acidente vascular cerebral. O aumento do IMC aumenta o risco de DAC, está associado ao aumento de VLDL e à diminuição de HDL. (**Bastien e Poirier, 2014; Ghantous et al., 2015; Skinner et al., 2015).**

- **Outros:** doença da vesícula biliar, osteoartrite, esteato-hepatite, apneia do sono, infertilidade e diminuição global da esperança de vida. Além disso, existem complicações respiratórias, como a apneia do sono e a infertilidade **(Ogden, 2010; Wing e Phelan, 2012; WHO Fact Sheet, 2015).**
- **Hipertensão:** A reabsorção de sódio é aumentada com dietas ricas em gordura e o sistema renina/angiotensina/aldosterona (RAAS) é ativado na obesidade, apesar da expansão do volume e da retenção de sódio. **(Hall et al., 2015; Kotsis et al., 2015).**
- A obesidade pode levar à iniciação do tumor pela denominada via extrínseca, na qual a tumorigénese é atribuível a uma condição inflamatória crónica através da via NF-κB. A ativação DO NF-κB nas células tumorais promove a carcinogénese, aumentando o seu potencial agressivo ao desencadear cascatas de factores de crescimento autócrinos e ao inibir os mecanismos de controlo da proliferação, incluindo os sinais apoptóticos **(Li et al., 2012; Shi et al., 2013; Marseglia et al., 2015).**
- **Aumento do risco de inflamação:** Nos doentes obesos, o aumento dos níveis de adipocinas relacionadas com a inflamação, incluindo o TNFa e a IL-6, leva à inibição da síntese de várias outras proteínas específicas dos adipócitos, incluindo a adiponectina, e aumenta a libertação de AGL do tecido adiposo, o que levou à sugestão de que a obesidade é um estado de inflamação crónica de baixo grau. A obesidade e a sobrecarga lipídica induzem uma inflamação crónica de baixo grau no hipotálamo **(Park et al., 2015; Mendoza-Azpur et al., 2015).**

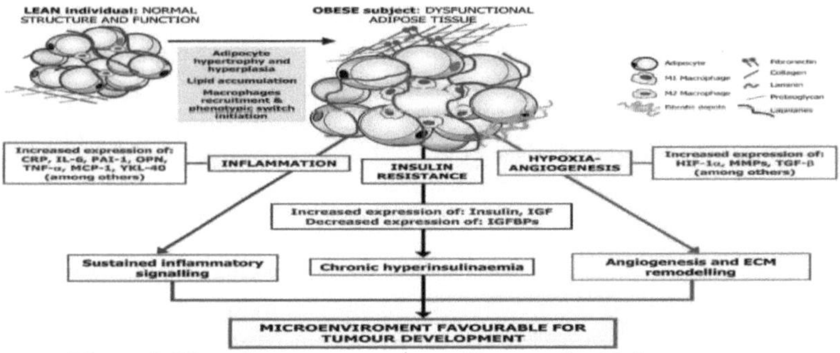

Figura 2: Mecanismos propostos que ligam a obesidade ao cancro.

O excesso de tecido adiposo, especialmente a obesidade abdominal, está relacionado com alterações nas concentrações de lípidos circulantes, nos níveis de espécies reactivas de oxigénio, bem como no perfil de secreção de adipocinas e hormonas. A obesidade também está ligada à hipertrofia dos adipócitos e à hipóxia, agravando o estado inflamatório. Assim, as citocinas inflamatórias derivadas do tecido adiposo, a produção de factores angiogénicos pelos adipócitos ou os macrófagos M1 infiltrantes que ocorrem na obesidade, juntamente com a resistência à insulina associada à obesidade, podem promover a estimulação de um microambiente favorável à tumorigénese. CRP, proteína C-reactiva; HIF-1a, fator induzível pela hipóxia-1a; IGF, fator de crescimento da insulina; IGFBP, proteína de ligação ao fator de crescimento semelhante à insulina; IL, interleucina; MCP-1, proteína quimioatraente de monócitos 1; MMP, metaloproteinase da matriz; OPN, osteopontina; PAI-1, inibidor do ativador do plasminogénio-1; TGF-β, fator de crescimento transformador β; TNF-a, fator de necrose tumoral a; YKL-40, proteína semelhante à quitinase-3.**Atualizado de (Perez-Hernandez, 2014)**

A obesidade e a ingestão de alimentos são influenciadas por uma variedade de factores psicológicos, tais como factores comportamentais e ambientais, bem como por factores fisiológicos e genéticos, tais como reservas de energia, sinais endócrinos, sinais parácrinos e neuropeptídeos. Discute-se como cada um destes factores funciona para causar ou cessar a alimentação através do controlo periférico e central **(Mankin et al., 2012).**

Contributos genéticos para a obesidade

Estima-se atualmente que os factores genéticos sejam responsáveis por 40-70% da variação da adiposidade humana **(Chung et al., 2008)**. Se ambos os pais forem obesos, existe uma probabilidade de 70-80% de os filhos obesos. Em contrapartida, apenas 9% das crianças eram gordas quando ambos os pais eram magros. **(Fima Lifshitz 2008).**

A herança da obesidade não é uma simples genética mendeliana, como seria de esperar se a doença resultasse de um defeito num único gene. Em vez disso, a obesidade comporta-se como uma doença poligénica complexa que envolve interacções entre múltiplos genes e o ambiente. **(Hinney et al., 2013).**

Genes que causam a obesidade monogénica:

Vários genes foram identificados como desencadeadores de síndromes monogénicas complexas em que a obesidade é a caraterística clínica central, mas não necessariamente a única. As doenças genéticas únicas mais comuns da obesidade são produzidas por mutações nos genes da leptina (LEP), do recetor da leptina (LEP-R), do recetor da melanocortina (MC4R), da pró-opiomelanocortina (POMC), da pró-hormona convertase quinase 1 (PCSK1), genes da quinase B relacionada com a tropomiosina (TrkB) do recetor de neurotropina, FTO (gene associado à massa gorda e à obesidade), TMEM18 (proteína transmembranar 18), BDNF (fator neurotrófico derivado do cérebro), AdipoQ (adiponectina), AdipoR1 (recetor de adiponectina 1), RETN (resistina), proteína relacionada com agouti (AGRP), transcrição regulada por cocaína e anfetamina (CART), neuropeptídeo-Y (NPY), gene β- adrenoceptor, proteínas desacopladoras (UCPs), recetor γ ativado por proliferador de peroxissoma (PPAR- γ), visfatina, ENPP1 (ectonucleotido pirofosfatase/fosfodiesterasel), IL-6 (Interleucina-6). **(Christopher et al. 2005, Iffet Bircan 2009, Radu-Ioan URSU 2013 e Hoed et al., 2013)**

Genes que causam síndromes de obesidade poligénica

Foram descritas mais de 30 síndromes genéticas que incluem a obesidade entre as suas principais características clínicas. São doenças complexas, cada uma com as suas características clínicas distintas, evolução, início dos sintomas, patogenia, hereditariedade, etc. Algumas das principais síndromes genéticas com obesidade são: Síndrome de Prader-Willi, Síndrome de Bardet-Biedl, Síndrome de Cohen, Síndrome do X frágil, Síndrome de Wilson- Turner, etc. (**Martinez et al., 2008; Walley et al., 2009; Hinney et al., 2013**).

Regulação fisiológica do balanço energético.

Fisiologicamente, a regulação do peso corporal é coordenada através de um sistema complicado que envolve interacções entre os vários componentes do balanço energético, juntamente com mecanismos de feedback que regulam o apetite, a ingestão de energia e o gasto energético **(Guyenet e Schwartz, 2012)**. Nos indivíduos obesos, o longo desequilíbrio entre o gasto energético ou a energia consumida e a ingestão energética leva ao aumento de peso e à acumulação excessiva de gordura corporal **(Ebbert et al., 2013).**

A manutenção do equilíbrio no organismo depende muito das vias anabólicas e catabólicas entre a periferia e o cérebro. As vias anabólicas estimulam a ingestão de alimentos, diminuem o gasto de energia e promovem o armazenamento de gordura, enquanto as vias catabólicas reduzem a ingestão de alimentos, aumentam o gasto de energia e diminuem a massa gorda. Quando estes mecanismos de feedback estão em vigor, o equilíbrio energético é mantido e a adiposidade corporal é estável. **(Guyenet e Schwartz, 2012).**

As hormonas segregadas pelos tecidos e órgãos periféricos são determinantes para o estado metabólico. A sua produção transmite informações do corpo para locais de regulação no cérebro. **(Merlino et al. 2014).** O núcleo arqueado do hipotálamo (ARC) e o núcleo do trato solitário (NTS) do tronco cerebral são dois dos principais locais de regulação neural que recebem informações hormonais do corpo a curto e a longo prazo **(Zhan et al., 2013).** A regulação a curto prazo está envolvida no desencadeamento da fome e da ingestão de alimentos ou na produção de saciedade e no fim da refeição. A regulação a longo prazo está mais envolvida na regulação do peso ou da adiposidade. **(Zeltser et al., 2012).**

A REGULAÇÃO PERIFÉRICA DA INGESTÃO DE ALIMENTOS
(Guyenet e Schwartz, 2012; Douglasa et al., 2015).

Sinais de saciedade:

Sinais do tecido adiposo: (Sinais de adiposidade):

A REGULAÇÃO CENTRAL DA INGESTÃO DE ALIMENTOS

Cérebro (hipotálamo e tronco cerebral) **(Perry e Wang, 2012; Zhan et al., 2013).**

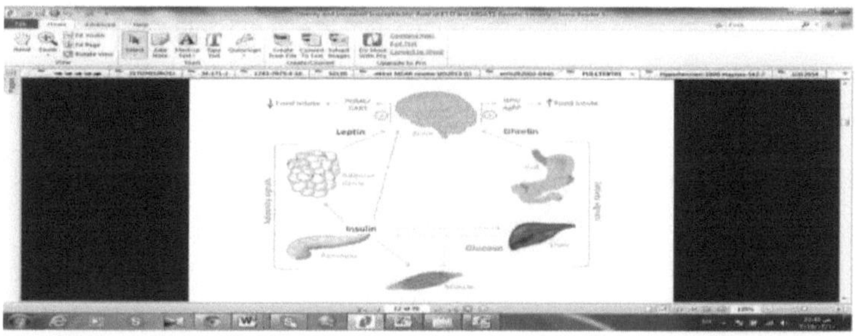

Figura 3. Representação esquemática dos órgãos e hormonas envolvidos na homeostase energética.

Os sinais de saciedade são sinais provenientes do intestino, como a grelina, que são libertados em resposta ao estado dos nutrientes e estão envolvidos na regulação a curto prazo da ingestão de energia. Os sinais de adiposidade, como a insulina do pâncreas e a leptina do tecido adiposo, são reguladores a longo prazo da ingestão de energia, sendo segregados em proporção à quantidade de gordura armazenada. No cérebro, a leptina e a insulina activam os neurónios POMC/CART, e a grelina ativa os neurónios NPY/AgRP, que suprimem e estimulam a ingestão de alimentos, respetivamente. A insulina também pode afetar a produção de leptina através do metabolismo da glicose. **(Jacobsson et al., 2011).**

Quando os alimentos entram no trato alimentar, estimulam a produção de vários compostos inibitórios (setas azuis à direita do diagrama) que vão para o tronco cerebral [núcleo do trato solitário (NTS)] e para o hipotálamo [núcleo arqueado (ARC)] e inibem a produção de um composto estimulatório produzido pelo estômago (grelina) (seta laranja à direita). Estes compostos também têm como alvo outros tecidos periféricos, como o fígado, o pâncreas e o tecido adiposo branco, que geram outro conjunto de sinais inibitórios que também passam para o hipotálamo (seta azul à esquerda). Além disso, a distensão direta do trato alimentar actua como um sinal inibitório através do nervo vagal. A consequência destes sinais de inibição aumentados, combinados com a redução do sinal estimulador (ver gráfico do curso temporal na parte inferior), é que a sensação de fome diminui (saciedade) e a alimentação acaba por parar. Quando a alimentação pára, os sinais inibitórios acabam por diminuir, o sinal estimulador aumenta (saciedade reduzida) e, eventualmente, a ingestão de alimentos é reiniciada. **Atualizado de (Speakman, 2014).**

A REGULAÇÃO PERIFÉRICA DA INGESTÃO DE ALIMENTOS

Sinais de saciedade:

Os sinais gastrointestinais são integrados e interpretados no SNC, formando a base para a regulação metabólica central e mantendo um peso corporal estável, apesar das flutuações diárias na ingestão de energia (Figura). **(Alajmi 2014; Maric et al., 2014)**.

SINAIS GASTROINTESTINAIS QUE CONTROLAM A INGESTÃO DE ALIMENTOS

O trato gastrointestinal segrega vários péptidos que têm sido implicados no controlo da homeostase energética. O controlo da quantidade de alimentos ingeridos é largamente determinado pelo início dos sinais de saciedade que se desenvolvem no sistema gastrointestinal durante a alimentação. As hormonas de saciedade importantes produzidas no trato gastrointestinal incluem: **(Baileya et al., 2015)**.

No estômago

Grelina: A grelina é uma hormona orexigénica secretada principalmente pela mucosa gástrica, estômago e duodeno, e é conhecida por desempenhar um papel no início da ingestão de alimentos. Funciona como um modulador-chave da homeostase energética, actuando através do recetor da grelina para regular o apetite, selecionar o substrato do combustível, modular o peso corporal e manter a homeostase da glicose/lípidos **(Li et al., 2013).**

Obestatina: é produzida a partir da pré-progrelina após clivagem proteolítica, e inibe a ingestão de alimentos **(Zhang et al., 2013).**

No intestino:

Colecistoquinina (CCK): são hormonas intestinais segregadas no duodeno e no jejuno que actuam em oposição à grelina. É libertada após uma refeição para reduzir a ingestão de alimentos. A CCK encontra-se em concentrações elevadas em várias partes do cérebro, onde actua como um sinal de saciedade **(Lavine et al., 2015; Martha et al., 2016).**

Glucagon-like peptide-1 (GLP-1): Após a ingestão de alimentos, especialmente em resposta à ingestão de hidratos de carbono e lípidos, o GLP-1 é libertado pelo intestino delgado distal e pelo cólon sob a forma de pró-glucagon. Este péptido retarda o esvaziamento gástrico e a motilidade intestinal, diminuindo o apetite, aumentando a secreção de insulina e promovendo a sensação de saciedade**(F®rch et al., 2015).**

Péptido YY (PYY): Após a ingestão de alimentos, o PYY é um péptido anorexinérgico que reduz o apetite, resultando na indução de saciedade. Reduz a taxa de motilidade intestinal e o esvaziamento gástrico e da vesícula biliar. O seu nível circulatório está diminuído na obesidade. (**Panaro et al., 2014**).

Oxintomodulina (OXM): Tal como o GLP-1, a OXM também é libertada pelas células intestinais como proglucagon após a ingestão de alimentos. Reduz a ingestão de alimentos, o apetite e promove a redução de peso **(Samantha et al., 2015).**

No pâncreas:

Amilina: A amilina libertada pelas células beta do pâncreas, juntamente com a insulina, participa no controlo da homeostase da glicose e pode também suprimir a ingestão de alimentos, pelo menos em níveis elevados **(Jorsal et al., 2015).**

Além disso, o pâncreas endócrino segrega hormonas peptídicas como a insulina, que participam no controlo da ingestão de alimentos. A insulina tem um papel no SNC como um sinal do nível de adiposidade durante um período moderado a longo prazo. (**Merly et al., 2013**).

Sinais de adiposidade:

Enquanto reservatório primário de armazenamento de energia, o tecido adiposo desempenha um papel importante no equilíbrio energético, sendo a principal célula armazenadora de gordura. O tecido adiposo é um importante órgão endócrino, uma vez que os adipócitos segregam uma variedade de moléculas hormonais biologicamente activas, denominadas adipocitocinas, que regulam uma série de funções metabólicas, endócrinas e imunitárias que afectam a ingestão e o gasto de energia, a utilização de nutrientes, o metabolismo corporal, o apetite e a regulação do peso; principalmente a leptina, a visfatina, a apelina, a resistina e a adiponectina (**Booth et al., 2016**).

Leptina

A leptina é o principal regulador da ingestão de alimentos e da adiposidade corporal, responsável pela regulação a longo prazo do equilíbrio energético que reduz a ingestão de alimentos e aumenta o gasto de energia. A leptina é segregada a partir do tecido adiposo, circulando em níveis que são proporcionais às reservas adiposas corporais (massa adiposa), informando assim o cérebro do nível de armazenamento de gordura e exercendo os seus efeitos através do recetor de leptina (LEPR) (**Ahima et al., 2015**).

A leptina também responde ao estado nutricional, diminuindo com o jejum e restaurada com a realimentação. A glucose, a insulina e o aumento do metabolismo da glucose nos adipócitos estimulam a secreção de leptina (**Balsan et al., 2015**).

A leptina tem várias funções, incluindo o controlo do crescimento, o controlo metabólico, a regulação imunitária, a regulação da sensibilidade à insulina e a reprodução [42-44]. No entanto, o seu papel mais importante é a regulação do peso corporal. As catecolaminas também influenciam a produção de leptina e o sinal da leptina para o centro do apetite. (**Luan et al., 2014**).

Ao contrário da adiponectina, os níveis de leptina aumentam na obesidade. Infelizmente, a leptina não tem o mesmo efeito na ingestão de alimentos e no gasto energético quando um indivíduo se torna obeso e desenvolve resistência à leptina. Pensa-se que a resistência à leptina ocorre em indivíduos obesos devido a um defeito no transporte da leptina através da barreira hemato-encefálica e/ou possivelmente uma diminuição da sensibilidade dos receptores no hipotálamo (**Mendoza-Azpur et al., 2015**).

Visfatina (como um fator de crescimento semelhante a uma citocina)

Os níveis de visfatina em circulação são inferiores aos da insulina e não são afectados pela alimentação ou pelo jejum. No entanto, as concentrações plasmáticas de visfatina estão positivamente correlacionadas com a gordura corporal e, por conseguinte, aumentam durante o desenvolvimento da obesidade. Está também a induzir resistência à insulina (**Nourbakhsh et al., 2015).**

Resistina

É considerada uma molécula pró-infamatória. Ativa a libertação de citocinas dependente de NFkB e a expressão de moléculas de adesão, incluindo o TNF-a e a IL-6. Induz a resistência à insulina e a obesidade, pois torna-a resistente à ação da insulina. A sua concentração está aumentada na obesidade (**Adriana et al., 2015).**

Apelin

A apelina é uma adipocitocina cuja concentração plasmática está aumentada na obesidade, na resistência à insulina e na hiperinsulinemia. (**Abd-Elbaky et al., 2015)**

Adiponectina

A adiponectina é uma nova proteína específica do tecido adiposo que circula no plasma humano em níveis elevados. A sua expressão e/ou secreção é aumentada pelo fator de crescimento semelhante à insulina-1 e pelo PPAR-Y e diminuída pelos glucocorticóides e pelos agonistas beta-adrenérgicos. (**Balsan et al., 2015**).

Ao contrário da leptina, os níveis de adiponectina são reduzidos na obesidade, um efeito atribuído ao aumento da libertação de TNFa (fator de necrose tumoral a). A adiponectina tem as seguintes funções metabólicas no organismo: (1) Melhora as acções da insulina hepática e suprime o influxo de ácidos gordos no fígado **(Park et al., 2015);** (2) Melhora a captação de glicose no fígado e nos músculos esqueléticos; e (3)

Aumenta a oxidação dos ácidos gordos (**Balsan et al., 2015**). A principal função da adiponectina num metabolismo imunitário como anti-inflamatório é através da via NFkB (**Takemoto et al., 2015; Adya et al., 2015**).

Insulina

A insulina é conhecida sobretudo por regular os níveis sanguíneos de glicose, o metabolismo lipídico, o gasto energético e a adipogénese. É libertada pelas células beta do pâncreas em resposta à hiperglicemia (um aumento dos níveis de glicose no sangue e permanece elevada enquanto a glicemia estiver elevada), aos aminoácidos e aos ácidos gordos não esterificados (AGNE). Ajuda a remover a glucose do sangue para que esta possa ser armazenada como glicogénio e/ou triglicéridos no organismo **(Heemst et al., 2015).**

Para além desta função, a insulina é também um regulador periférico fundamental da ingestão de alimentos e da adiposidade corporal. No balanço energético a curto prazo, um aumento da insulina no sangue ou a administração de insulina no cérebro reduz a ingestão de alimentos e aumenta o gasto energético (**Balsan et al., 2015**).

Os níveis plasmáticos de insulina em jejum estão diretamente correlacionados com o grau de adiposidade corporal. Quando o tecido adiposo é reduzido, é segregada menos insulina. Pelo contrário, quando as reservas adiposas estão aumentadas, o organismo tem níveis basais de insulina mais elevados e é segregada mais insulina em resposta a uma refeição. Coordena os processos relacionados com a captação de glicose, a lipólise e a gluconeogénese (**Rizvi, 2015).**

Durante o período pós-prandial, o nível elevado de glicose no sangue estimula as células B pancreáticas a segregar insulina, o que promove o armazenamento de glicose no fígado e no músculo esquelético e o armazenamento de lípidos no tecido adiposo e no fígado. (**Perry et al., 2014).**

O músculo esquelético, seguido do tecido adiposo, é o principal órgão responsável pela depuração da glucose no sangue após a refeição, seguido do fígado e do tecido adiposo. A insulina estimula a captação de glicose através do transportador de glicose, GLUT4, transporte basal de glicose independente da insulina. O GLUT4 é abundante no músculo esquelético e no tecido adiposo (**Boucher et al., 2014**).

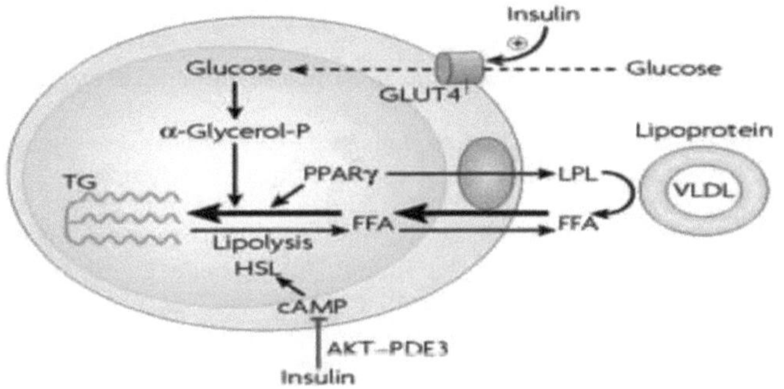

Figura 4.Ação da insulina nos adipócitos (Guilherme et al., 2008).

Nos pequenos adipócitos (condição magra), a insulina promove a esterificação dos ácidos gordos livres (AGL) em triglicéridos através da estimulação da captação de glicose mediada pelo transportador de glicose tipo 4 (GLUT4). A glicose pode ser convertida em fosfato de glicerol, a principal fonte da espinha dorsal do glicerol dos TG. O recetor-1 ativado pelo proliferador de peroxissoma (PPAR/) ativa a expressão da lipase lipoproteica (LPL) e a via biossintética dos TG. A LPL segregada hidrolisa os TG das lipoproteínas de muito baixa densidade (VLDL) em circulação, libertando AGL para serem reesterificados **(Guilherme et al., 2008)**

A insulina é uma hormona fundamental envolvida no controlo da homeostase da glicose e dos lípidos, sendo as acções da insulina mediadas por um recetor de insulina transmembranar, uma glicoproteína heterotetramérica constituída por duas subunidades a e duas subunidades B ligadas por ligações dissulfureto. A insulina promove a resposta celular através de muitas vias, incluindo a sinalização PI3K/Akt que conduz à ativação da AMPK. (**Towler e Hardie et al., 2007).**

Para além da captação de glicose, a insulina pode aumentar a síntese de glicogénio e de determinadas enzimas metabólicas, bem como aumentar a síntese de ADN e ARN. Foi registado que a insulina regula a expressão de mais de 150 genes. Entre eles encontra-se a glucose 6 fosfatase no fígado ou o glucagon nas células alfa dos ilhéus pancreáticos **(O'Brien et al., 2001).**

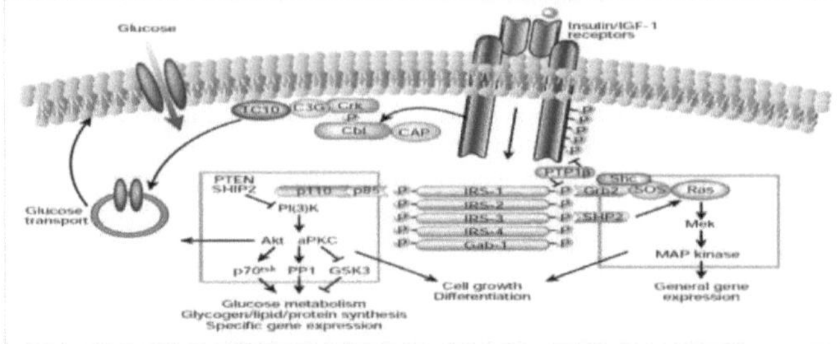

Figura 5. Transdução de sinais na ação da insulina (Saltiel et al., 2001).

O recetor de insulina é uma tirosina quinase que consiste em duas subunidades a e duas subunidades B que formam um complexo heteroetramérico *a2B2*. A ação da insulina é iniciada pela ligação ao seu recetor de superfície celular que sofre autofosforilação e catalisa a fosforilação de proteínas celulares. A insulina liga-se às subunidades extracelulares a do seu recetor, transmitindo um sinal através da membrana plasmática que ativa o domínio intracelular da tirosina quinase da subunidade B. A quinase activada do recetor de insulina (IR) fosforila as proteínas do seu substrato em resíduos de tirosina. Os substratos do IR incluem as proteínas IRS (substrato do IR), Shc. Cbl, APs. Gab-I (Grb2-associatcd binder-I). Após a fosforilação da tirosina, estas proteínas interagem com moléculas sinalizadoras através dos seus domínios SH2, dando origem a uma série diversificada de vias de sinalização, incluindo a ativação de PI(3)K e de proteínas quinases dependentes de Ptdlns (3,4,5) P3 a jusante, Ras e a cascata de MAP quinases, e Cbl/CAP e a ativação de TC10. As principais vias metabólicas estimuladas pela insulina são a glicólise, a síntese de glicogénio, a lipogénese e a síntese proteica. As vias inibidas pela insulina são a gluconeogénese, a degradação do glicogénio, a lipólise, a oxidação dos ácidos gordos e a degradação proteica. Figura adaptada de **(Saltiel et al., 2001).**

Defeitos na sinalização da insulina:

O resultado mais comum da disfunção da sinalização do recetor de insulina é a resistência à insulina e a diabetes tipo 2 **(Govers et al., 2015**).

Resistência à insulina

A resistência à insulina é uma condição em que as quantidades normais de insulina se tornam inadequadas para produzir uma resposta normal à insulina nas células. Por outras palavras, a resistência à insulina é a diminuição da capacidade dos tecidos alvo da insulina, como o fígado, o tecido adiposo (tecido adiposo) e o músculo, para responderem corretamente às concentrações normais de insulina em circulação. Isto leva a um aumento da hidrólise dos triglicéridos das células adiposas, elevando assim os níveis de ácidos gordos livres, à redução da captação de glicose no músculo e no tecido adiposo e à redução do armazenamento de glicose [**Boden, G. 2015**]. Níveis plasmáticos elevados de insulina e glicose devido à resistência à insulina conduzem frequentemente à diabetes tipo 2 e à síndrome metabólica. Um dos resultados da resistência à insulina no fígado é o aumento dos níveis de glucose no sangue em jejum **(Govers et al., 2015**).

Causas da resistência à insulina:

A resistência à insulina é o resultado de um processo a longo prazo que resulta de uma sobrealimentação energética crónica, quando uma abundância de glicose e de gordura saturada entra na célula, levando ao stress do retículo endoplasmático (RE); um processo de inflamação de baixo grau e hipoxia (**Pedersen et al., 2015**).

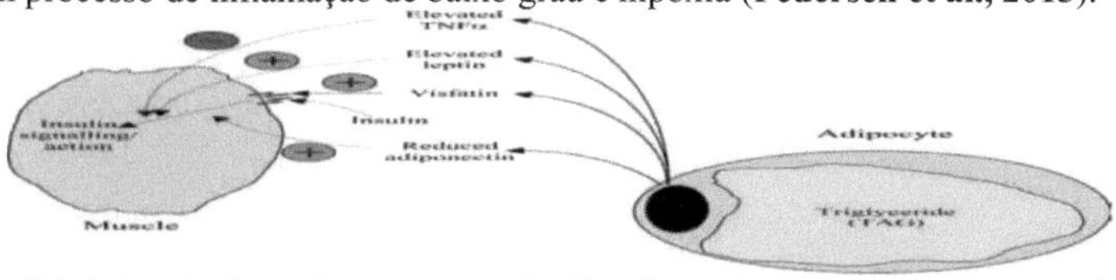

Figura 6 Influência das adipocinas na sinalização/ação da insulina +, ativação; -, inibição.

(Celia G. Walker et al., 2007)

Em suma, a acumulação extensiva de gordura, geralmente devida a uma alimentação excessiva, preenche as actuais células adiposas subcutâneas e leva à acumulação de gordura no abdómen, na gordura visceral, nos músculos e no fígado. Os adipócitos na gordura visceral começam a produzir muitas adipocinas, incluindo a leptina, a resistina e a adiponectina, que alteram diferentes processos metabólicos: os lípidos séricos mudam (o colesterol HDL diminui, o colesterol LDL e os triglicéridos aumentam), a tensão arterial aumenta, os níveis de purinas aumentam, os níveis de estrogénio aumentam, os níveis de testosterona diminuem, a glândula tiroide pode começar a funcionar mal e a produção de insulina aumenta para vinte vezes o nível normal (hiperinsulinemia). (**McLaughlin et al., 2014**).

Após um longo período de tempo, o pâncreas não consegue satisfazer as necessidades de insulina após as refeições, o que leva a uma tolerância à glucose diminuída, ao desenvolvimento de resistência à insulina e, finalmente, à diabetes tipo 2. A resistência à insulina também tem sido associada à prevalência de cancros da mama, da próstata e do cólon. (**Perry et al., 2014**).

Além disso, os níveis elevados de ácidos gordos livres que ocorrem na obesidade também têm sido implicados no desenvolvimento da resistência à insulina. (**Boden, 2015**).

Os mediadores candidatos da resistência à insulina incluem a ceramida (um derivado lipotóxico dos AG), metabolitos lipídicos envolvidos na síntese de TAG (por exemplo, FA-CoA) ou gerados pela hidrólise de TAG (por exemplo, DAG) (**Boon et al., 2013**).

Adipócitos

A maior parte do tecido adiposo é constituída por uma associação frouxa de células cheias de lípidos, denominadas adipócitos, que se encontram numa estrutura de fibras de colagénio. O principal objetivo deste órgão é fornecer ácidos gordos livres a partir da energia armazenada quando os alimentos são limitados e a energia é necessária. (**Booth et al., 2015**).

Os adipócitos derivam de células estaminais mesenquimais multipotentes, num processo que envolve o compromisso com a linhagem de adipócitos seguido de diferenciação terminal dos pré-adipócitos comprometidos.Contém dois tipos distintos de tecido adiposo: tecido adiposo branco(WAT) e tecido adiposo castanho (BAT). O tecido adiposo branco é especializado no armazenamento de energia química sob a forma de triacilglicerol (TAG), enquanto o tecido adiposo castanho dissipa a energia química sob a forma de calor através da termogénese sem arrepios. Além disso, a célula adiposa branca contém um único grande vacúolo lipídico, enquanto na célula adiposa castanha existem numerosos vacúolos lipídicos mais pequenos. (**Kim et al., 2016**).

METABOLISMO DO TECIDO ADIPOSO:

Lipogénese:

A lipogénese é a deposição de gordura. Este processo ocorre no tecido adiposo e no fígado em locais citoplasmáticos e mitocondriais (Figura 2) (**Saponaro et al., 2015**).

Lipólise

A lipólise é a decomposição química e a libertação de gordura do tecido adiposo. Este processo predomina sobre a lipogénese quando é necessária energia adicional (Figura 2) (**Zechner et al., 2015**).

Adipogénese

Os principais mecanismos para a expansão e rotação do TAB são as alterações nas taxas de proliferação de células precursoras de adipócitos, a diferenciação de células precursoras em adipócitos (adipogénese) (**Adya et al., 2015**).

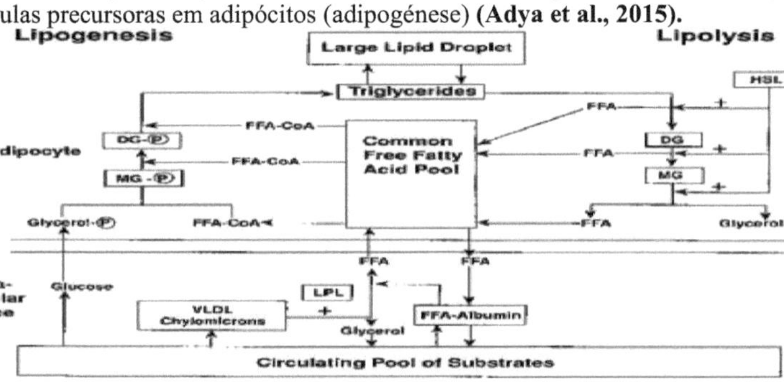

Figura 7: Representação esquemática do armazenamento de triglicéridos (lipogénese) e da sua degradação (lipólise) nos adipócitos.

FFA: ácido gordo livre; FFA-CoA: tioéster; HSL: lipase sensível às hormonas; LPL: lipase lipoproteica; DG: diglicérido; MG: monoglicérido; DG-P: ácido fosfatídico; MG-P: ácido lisofosfatídico; VLDL: lipoproteínas de densidade muito baixa (**Adaptado de Hirsch et al., 1983**).

A energia ingerida sob a forma de gordura, para além da necessária para as necessidades energéticas actuais, é armazenada no tecido adiposo. Além disso, os hidratos de carbono e as proteínas consumidos na alimentação podem ser convertidos em gordura. A energia ingerida sob a forma de hidratos de carbono pode ser armazenada como glicogénio no fígado e no músculo. Os hidratos de carbono também podem ser convertidos em triglicéridos, principalmente no fígado, e transferidos para o tecido adiposo para armazenamento. Os aminoácidos das proteínas ingeridas são utilizados para a síntese de novas proteínas ou podem ser convertidos em hidratos de carbono e gordura (**Saponaro et al., 2015**).

Os ácidos gordos, sob a forma de triglicéridos ou de ácidos gordos livres ligados à albumina, são ingeridos na alimentação ou sintetizados pelo fígado. Nos adipócitos ocorre muito pouca síntese de ácidos gordos livres. Os triglicéridos são a fonte mais importante de ácidos gordos, uma vez que é sob esta forma que os lípidos da dieta são reunidos pelo intestino e pelo fígado. Os triglicéridos constituídos por ácidos gordos de cadeia longa, sob a forma de quilomícrons (provenientes da absorção intestinal) ou de lipoproteínas (provenientes da síntese hepática), são hidrolisados em glicerol e ácidos gordos livres por uma enzima denominada lipase lipoproteica (LPL). A lipoproteína lipase é sintetizada nos adipócitos e segregada nas células endoteliais adjacentes. Os quilomícrons e as lipoproteínas (lipoproteínas de muito baixa densidade) contêm a apoproteína C-ll, que ativa a LPL. Os ácidos gordos livres são absorvidos pelos adipócitos de forma dependente da concentração por uma proteína de transporte transmembranar. (**Saponaro et al., 2015**).

Uma vez no interior do adipócito, os ácidos gordos entram num pool comum constituído por ácidos gordos que entram e saem. Os ácidos gordos que são armazenados no tecido adiposo devem primeiro combinar-se com a coenzima A para formar um tioéster e depois são reesterificados de forma gradual em triglicéridos. A glicose é a principal fonte de glicerol para este processo de reesterificação. Apenas uma pequena quantidade de glicerol libertado, quando os triglicéridos são hidrolisados pela LPL, pode ser reutilizada pelos adipócitos para formar fosfato de alfa glicerol, que será utilizado para a formação de triglicéridos. A maior parte do glicerol é devolvida à circulação (**Ameer et al., 2014**).

Lipólise

A lipólise é o processo de decomposição dos triglicéridos em glicerol e ácidos gordos. Este processo depende de um complexo multienzimático denominado lipase sensível às hormonas (HSL) (***Zechneret al., 2015***).

A HSL-P catalisa a decomposição dos triglicéridos no interior do adipócito em ácidos gordos livres e glicerol em três etapas. Em cada uma das 3 etapas, cada etapa retira um ácido gordo até restarem apenas glicerol e 3 ácidos gordos. Estas lipases actuam consecutivamente sobre os triglicéridos, os diglicéridos e os monoglicéridos (**Alonso-Vale., 2015**).

Depois de os triglicéridos serem hidrolisados em ácidos gordos e glicerol, os ácidos gordos entram no pool comum de ácidos gordos livres, onde podem ser reesterificados, sofrer beta-oxidação (degradação metabólica) ou ser libertados na circulação como substratos para o músculo esquelético, o músculo cardíaco e o fígado. Se os ácidos gordos forem submetidos a beta-oxidação para produção de ATP, os ácidos gordos passam dos adipócitos para o sangue e são transportados para os tecidos que os podem utilizar como fonte de energia. Os ácidos gordos de cadeia longa entram nas células destes tecidos por difusão passiva e a sua taxa de absorção é proporcional à diferença de concentração dentro e fora da célula. (**Rambold et al., 2015**).

Uma vez dentro das células, a beta-oxidação começa com a "ativação", ou seja, a formação de tioésteres com a coenzima A. Este passo de ativação converte os ácidos gordos numa forma que é mais suscetível às sucessivas alterações bioquímicas que, em última análise, resultam na formação de ATP.(**Lodhi et al., 2012**). Portanto, o facto de a gordura armazenada ser decomposta não significa que tenha desaparecido para sempre. Se esta gordura não for queimada, será simplesmente reesterificada e transformada novamente em triacilglicerol (triglicéridos armazenáveis). (**Ong et al., 2010**).

Lípidos alimentares e consequências do seu excesso

Os lípidos da dieta apresentam-se principalmente sob a forma de TAG, com alguns NEFAs, colesterol e esteróis. Os lípidos entram na corrente sanguínea sob a forma de quilomícrons. As LPL, localizadas na superfície luminal das células endoteliais capilares, hidrolisam o componente TAG em FA e monoacilglicerol. Os NEFAs entram então nas células ou ligam-se à albumina para distribuição na circulação. A diminuição da absorção de FA no músculo esquelético melhora a sensibilidade à insulina (**Sainz et al., 2015**).

Estes metabolitos lipídicos podem alterar a ação da insulina, prejudicando a fosforilação da tirosina do recetor de insulina e do substrato-1 do recetor de insulina (IRS1) (**Perry et al., 2014**).

A REGULAÇÃO CENTRAL DA INGESTÃO DE ALIMENTOS

Cérebro (hipotálamo e tronco cerebral):

A obesidade resulta de um desequilíbrio entre a ingestão e o gasto de energia. O cérebro é um regulador integral da ingestão e do gasto de energia e, portanto, da homeostase energética do corpo inteiro (**Harrold et al., 2012**).

Antes da década de 1950, os cientistas acreditavam que a fome estava apenas sob controlo gastrointestinal; no entanto, o hipotálamo e o tronco cerebral passaram a ser reconhecidos como os principais contribuintes para o papel da alimentação (**Arnoldussen et al., 2014**).

O núcleo arqueado do hipotálamo (ARC) e o núcleo do trato solitário (NTS) do tronco cerebral são dois dos principais locais de regulação neural que recebem informações hormonais do corpo a curto e a longo prazo (**Heal et al., 2012**). A regulação a curto prazo está envolvida no desencadeamento da fome e da ingestão de alimentos ou na produção de saciedade e no fim da refeição. A regulação a longo prazo está mais envolvida na regulação do peso ou da adiposidade (**Schneeberger et al., 2014**).

Cérebro Hipotálamo:

O hipotálamo é um regulador chave da homeostase energética. O hipotálamo está localizado sob o tálamo, incluindo a maior parte do diencéfalo ventral. O hipotálamo é constituído por agrupamentos neuronais anatomicamente definidos, ou núcleos, que integram o controlo do gasto energético e da alimentação e regulam outras funções fisiológicas, incluindo o metabolismo, o equilíbrio hídrico, a saciedade, a fisiologia reprodutiva, o ritmo circadiano e as respostas emocionais (**Pearson e Placzek, 2013**).

O hipotálamo é constituído por núcleos hipotalâmicos distintos, incluindo o núcleo arqueado (ARC), o núcleo paraventricular (PVN), a área hipotalâmica lateral (LHA), o núcleo dorsomedial (DMN) e o núcleo ventromedial (VMN) (**Dietrich e Horvath, 2013**).

As anomalias do desenvolvimento do hipotálamo estão associadas a alterações no crescimento corporal e no desenvolvimento sexual, levando a condições fisiológicas e neurológicas adversas, como a infertilidade, a depressão, o stress crónico, o autismo e a obesidade (**Kim e Choi, 2013**).

Núcleo arqueado

O ARC é uma área muito importante do SNC envolvida no controlo da homeostase energética. Acredita-se que o núcleo arqueado do hipotálamo (ARC) seja o "centro hipotalâmico mestre" para o equilíbrio energético. Está localizado abaixo do VMN, em ambos os lados do terceiro ventrículo, e imediatamente adjacente à eminência mediana (ME). Esta área tem uma barreira hemato-encefálica semi-permeável (BBB) e, por isso, está estrategicamente posicionada para sentir as flutuações hormonais e de nutrientes na corrente sanguínea. O ARC é um centro onde convergem os sinais hormonais (como a leptina, a insulina, a adiponectina e a grelina), bem como os sinais nutricionais (como a glucose e os ácidos gordos circulantes) **(Biran et al., 2015).**

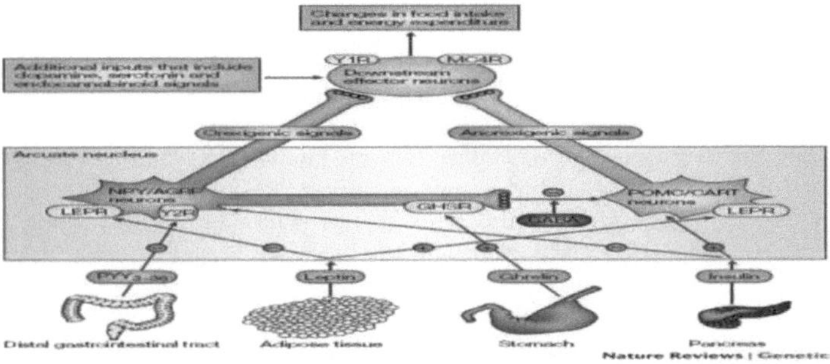

Figura 8| Regulação fisiológica do balanço energético (Bell et al., 2005).

No ARC, existem pelo menos dois conjuntos de neurónios que controlam o apetite e o gasto energético. Um conjunto de neurónios que co-expressam os neuropeptídeos orexigénicos (que promovem a alimentação), a proteína relacionada com a agouti (AgRP) e o neuropeptídeo Y (NPY). O segundo conjunto de neurónios co-expressa os produtos anorexigénicos (inibidores da alimentação) da proopiomelanocortina (POMC), o precursor da hormona estimulante dos alfa-melanócitos (a-MSH), e o transcrito regulado pela cocaína e pelas anfetaminas (CART). Estas duas populações de neurónios (aqui referidas como AgRP e POMC, respetivamente), juntamente com neurónios-alvo a jusante que expressam o recetor de melanocortina 4 (MC4R) e MC3R, constituem o sistema central de melanocortina. **(Bakos et al., 2016).**

Os neurónios NPY/AGRP também têm um efeito inibitório sobre os neurónios POMC/CART através da libertação de ácido Y-aminobutírico (GABA), que pode ser estimulado pela ligação da grelina aos GHSRs. **(Krashes et al., 2013).**

A grelina inicia a ingestão de alimentos principalmente através da ativação dos neurónios do neuropeptídeo Y (NPY) e da proteína relacionada com a agouti (AgRP) (ao mesmo tempo que aumenta o número de sinapses inibitórias GABAérgicas nos neurónios POMC) localizados no núcleo arqueado do hipotálamo (ARC), que estão envolvidos na promoção da ingestão de alimentos através dos seus receptores secretores da hormona do crescimento (GHSRs). **(Mandelblat-Cerf et al., 2015).**

O péptidoYY sinaliza através dos receptores Y2 (Y2Rs) para produzir um efeito inibitório nos neurónios NPY/AGRP **(Panaro et al., 2014).**

A liptina, através da ligação aos receptores de leptina nestes neurónios, demonstrou reduzir a ingestão de alimentos ao inibir os neurónios NPY/AGRP e aumentar o gasto energético ao estimular os neurónios POMC/CART. **(Ward et al., 2011; Perry et al., 2014; Neira Sainz et al.,** 2015).

A insulina inibe o NPY e o AgRP nos núcleos ARC e PVN, e ativa as vias neuronais POMC e CART que estimulam o centro da saciedade. **(Dodd et al., 2015).**

O aumento dos níveis de glicose e leptina, com a diminuição da disponibilidade de grelina, inibe os neurónios NPY/AgRP e ativa as células POMC, que por sua vez conduzem à saciedade. **(Dodd et al., 2015).**

Outras entradas para este sistema incluem os sistemas de sinalização da dopamina, da serotonina e dos endocanabinóides **(Vahatalo et al., 2015).** Estes neurónios efectores expressam receptores que incluem o recetor Y1 (Y1R) e o recetor da melanocortina 4 (MC4R). (**Horvath et al., 2010**). Estas várias entradas juntam-se para proporcionar o equilíbrio global entre a ingestão de alimentos e o gasto de energia^ **Garfield et al., 2015**).

O núcleo arqueado central processa estas diferentes entradas e exerce os seus efeitos através da sinalização para vários neurónios efectores a jusante. Estes incluem os neurónios orexigénicos da hormona concentradora de melanina (MCH) e os neurónios da orexina ou da hipocretina no hipotálamo lateral (**Wise, 2016**), os neurónios da hormona libertadora de tirotrofina (TRH) que participam na regulação do eixo hipotálamo-hipófise-tiroideu e os interneurónios libertadores de ácido Y-aminobutírico (GABA) no núcleo paraventricular (PVN), que modulam os neurónios efectores orexigénicos ou anorexigénicos.A síntese neuronal destes péptidos aumenta em resposta ao aumento da sinalização da adiposidade no cérebro (**Alkemade et al., 2015**).

A área hipotalâmica lateral é conhecida como o "centro da fome", e a sua estimulação induz o conjunto oposto de respostas (**Wise 2016**).

Os neurónios AgRP e POMC do ARC projectam-se no "centro de saciedade" do VMN (núcleo ventromedial). Por sua vez, os neurónios do VMN projectam-se para áreas hipotalâmicas e extra-hipotalâmicas, como o tronco cerebral (**Bakos et al., 2016**). Outra proteína abundantemente expressa no VMN é o fator neurotrófico derivado do cérebro (BDNF), que induz a redução da ingestão de alimentos através da sinalização MC4R (**Slusher et al. 2015**).

O tronco cerebral

O tronco cerebral é outro centro chave de regulação do apetite no SNC. Isto foi demonstrado em ratos cronicamente descerebrados que ainda se saciam, sugerindo que os sinais de feedback gastrointestinal para o tronco cerebral caudal são suficientes para o controlo da ingestão de alimentos (**Harrold et al., 2012**).

No tronco cerebral, o complexo vagal dorsal (DVC) desempenha um papel importante na transmissão de sinais periféricos através de fibras aferentes vagais do intestino para o hipotálamo. O DVC tem projecções para o hipotálamo e para os centros corticais superiores e inclui o núcleo motor dorsal do vago (DVN), a área postrema (AP) e o núcleo do trato solitário (NTS). O NTS é uma posição ideal para integrar sinais periféricos devido à sua proximidade com a AP, que tem uma BBB incompleta. (**Young, 2012**).

Os neurónios do tronco cerebral contribuem de forma decisiva para o controlo do equilíbrio energético, processando a informação sobre o estado energético a quatro níveis diferentes: i) através da deteção de metabolitos circulantes e de hormonas libertadas por órgãos periféricos; ii) através da receção de estímulos vagais provenientes do trato gastrointestinal; iii) através da receção de estímulos neuronais provenientes de núcleos do mesencéfalo e do prosencéfalo que também detectam e integram sinais relacionados com a energia; e iv) através da projeção em circuitos locais do tronco cerebral e noutras regiões do cérebro para fornecer informações que serão integradas por estes neurónios para controlar o balanço energético (**Young et al., 2012**).

O tronco cerebral e o hipotálamo estão extensa e reciprocamente ligados, fornecendo outra via através da qual os sinais gastrointestinais podem afetar a atividade dos neurónios no núcleo arqueado. Para além das vias ascendentes entre o tronco cerebral e o hipotálamo, as projecções hipotalâmicas descendentes para o tronco cerebral também são importantes no controlo da ingestão de alimentos. Por exemplo, no mecanismo através do qual a leptina reduz o tamanho das refeições ao induzir a-MSH, as projecções dos neurónios POMC no ARC terminam em estreita proximidade anatómica com os neurónios no NTS, que respondem à distensão gástrica. (**Gautron et al., 2015**).

No tronco cerebral, é particularmente notável a densa expressão do mRNA MC4-R no núcleo vagal motor dorsal (DMV) (**Richardson et al., 2013**)

Além disso, o NTS também recebe projecções descendentes dos neurónios orexina e MCH localizados na LHA, e a administração de orexina A no rombencéfalo aumenta a ingestão de alimentos (**Parise et al. 2011**). Outro núcleo hipotalâmico que envia projecções para o NTS é o PVN; a via PVN- tronco cerebral desempenha um papel importante na regulação do equilíbrio energético, uma vez que a perturbação contralateral da saída do PVN e da entrada do NTS causa obesidade hiperfágica **(Schneeberger et al., 2014).**

Além disso, o tronco cerebral é constituído por populações heterogéneas de neurónios, com propriedades biofísicas e neuroquímicas distintas, que expressam neuropeptídeos moduladores do apetite, como a tirosina hidroxilase (TH), proglucagon, TRH, CART, GABA, NPY e BDNF, entre outros **(Zhao et al., 2013)**.

Estes neurónios também expressam uma variedade de receptores que medeiam os efeitos de alguns dos neuropeptídeos acima mencionados, indicando a existência de circuitos locais que contribuem para a regulação dos comportamentos de ingestão. Além disso, foram descritos receptores para uma série de hormonas circulantes, como a leptina, a grelina, o GLP1, o PYY e a CCK, em neurónios do tronco cerebral ou em projecções aferentes vagais para áreas do tronco cerebral, reforçando o ciclo anorexinérgico que suprime a ingestão de alimentos (**Schneeberger et al., 2014**).

Para além do hipotálamo e do tronco cerebral, o nervo vago desempenha um papel central na regulação da alimentação. O nervo vago é o principal nervo da divisão parassimpática do sistema nervoso autónomo. O nervo vago regula a homeostase metabólica, controlando a frequência cardíaca, a motilidade e a secreção gastrointestinal, a secreção endócrina e exócrina pancreática, a produção de glicose hepática e outras funções viscerais. (**Zhao et al., 2013**).

O nervo vago aferente: O nervo vago é a principal ligação neural entre o cérebro e o intestino. O nervo vago aferente transmite informações sobre o estiramento mecânico do estômago e do duodeno e sensações de plenitude gástrica ao núcleo do trato solitário (NTS) (**Zhao et al., 2013**).

Foi demonstrado que os neurónios aferentes vagais expressam uma variedade de receptores no tronco cerebral, que incluem CCK 1R e CCK2R, LEP-R, Y2R, GLP-1 e GLP-2R, recetor de secretagogo da hormona do crescimento onde actua a grelina e o recetor da orexina. **(Page e Kentish 2014).**

A estimulação da sinalização aferente e eferente do nervo vago tem o potencial de controlar o estado inflamatório na obesidade e restaurar a regulação metabólica e a sinalização da insulina.

O nervo vago participa na transmissão dos sinais de feedback negativo induzidos pela comida, importantes para determinar o tamanho da refeição. Por exemplo, a estimulação crónica ou aguda do nervo vago em ratos leva a uma redução do peso corporal e da ingestão de alimentos, indicando que as intervenções aferentes vagais directas influenciam o comportamento alimentar **(Gil et al. 2011;Hiroaki Ueno e Masamitsu Nakazato 2016).**

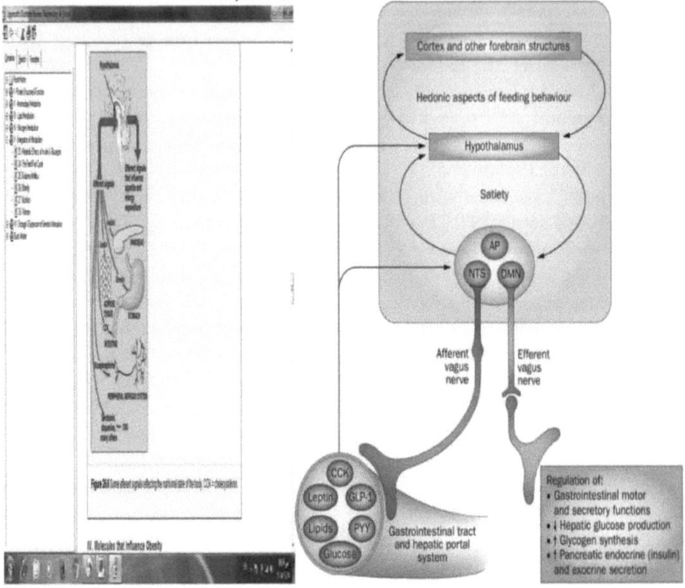

Fig.9: O papel do nervo vago na regulação metabólica.

As aferências gastrointestinais e hepáticas do nervo vago (vermelho) comunicam ao cérebro alterações nos níveis periféricos de micronutrientes e moléculas metabólicas. A interação neural entre o NTS, o DMN e a A P, interligados no complexo vagal dorsal, e as projecções recíprocas entre esta região do tronco cerebral e várias áreas hipotalâmicas (núcleos arqueados e paraventriculares e áreas mediobasais e laterais), estão na base da integração cerebral da informação visceral e da modulação da saída do nervo vago motor eferente, levando à regulação da homeostase metabólica. A sinalização eferente do nervo vago (azul) pode ser desencadeada pela deteção de alterações metabólicas no tronco cerebral e no hipotálamo. A comunicação complexa entre os núcleos hipotalâmicos e outras estruturas do prosencéfalo (como a ínsula e o córtex pré-motor, a amígdala, o núcleo accumbens, o núcleo parabraquial e o tálamo) medeia os aspectos hedónicos, motivacionais e de recompensa do comportamento alimentar e a sua interação com os mecanismos homeostáticos mediados pelo nervo vago. Abreviaturas: A P, área postrema; CCK, colecistoquinina; DMN, núcleo motor dorsal do nervo vago; GLP-1, peptídeo-1 semelhante ao glucagon; NA, núcleo ambíguo; NTS, núcleo do trato solitário; PYY, peptídeo YY. **(atualizado de Pavlov e Tracey 2012).**

AMP cíclico

O monofosfato de adenosina cíclico (AMPc, AMP cíclico ou 3'-5'-monofosfato de adenosina cíclico) é um segundo mensageiro importante em muitos processos biológicos. (As moléculas "segundo mensageiro" - assim designadas porque intervêm entre o mensageiro original (o neurotransmissor ou a hormona) e o efeito final na célula - fazem parte da cascata de acontecimentos que traduzem a ligação da hormona ou do neurotransmissor numa resposta celular. **(Scott, 2015)**.

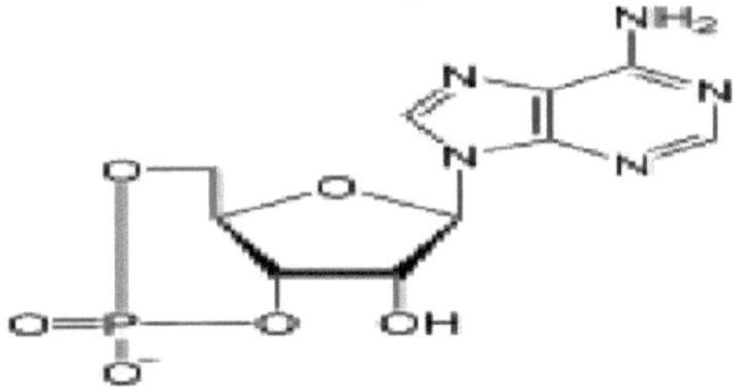

Fig. 10: Estrutura do AMPc

O AMPc é derivado do trifosfato de adenosina (ATP) e utilizado para a transdução de sinal intracelular em muitos organismos diferentes, transmitindo a via dependente de AMPc. O AMPc é sintetizado a partir do ATP pela adenilil ciclase localizada no lado interno da membrana plasmática.**(Insel et al., 2014).**

A adenilil ciclase está ligada à membrana plasmática por dois domínios hidrofóbicos. Dois domínios citoplasmáticos são responsáveis pela atividade catalítica e pela ligação à proteína G. A adenilil ciclase é activada por uma série de moléculas sinalizadoras através da ativação da adenilil ciclase estimuladores dos receptores acoplados à proteína G (G_s), como os receptores beta adrenérgicos ou pela forskolina, e inibidos por agonistas dos receptores acoplados à proteína G (G_i) inibidores da adenilil ciclase. **(Conti et al. 2013**).

As adenililciclases são expressas a diferentes níveis e são reguladas de forma diferente em diferentes tecidos. Existem pelo menos 9 tipos diferentes de adenilil ciclase codificados por pelo menos 9 genes diferentes. Todas as adenilil ciclases são expressas em alguma parte do cérebro**. (Sassone-Corsi. et al., 2012).**

O AMPc está envolvido em vários processos bioquímicos em quase todos os tecidos do nosso corpo. Muitas hormonas, como a vasopressina, a dopamina, a serotonina, a norepinefrina, a histamina ou a prostaciclina, actuam através deste mensageiro secundário. O AMPc desempenha um papel crucial na homeostase da glicose, no metabolismo dos lípidos e no equilíbrio energético, mediando a sinalização do stress e da fome através dos receptores da adrenalina e do glucagon. A sinalização da adrenalina e do glucagon tem o efeito mais forte nos adipócitos e no fígado, onde contrariam o efeito da insulina estimulando a lipólise e a gluconeogénese. Os receptores MC4R e beta-adrenérgicos desempenham um papel na termogénese através da indução da proteína desacopladora mitocondrial-1 (UCP-1) no tecido adiposo pelo aumento da NE em resultado do aumento do AMPc. Além disso, o AMPc também desempenha um papel na regulação da via de sinalização do glutamato **(Xia *et al.*, 2012).**

Até à data, são conhecidas duas proteínas de mamíferos com domínio de ligação ao AMPc: a proteína quinase A (PKA) e o fator de troca diretamente ativado pelo AMPc (EPAC). **(Lee et al., 2013**).

Proteína quinase A

Nos eucariotas, o AMP cíclico actua activando a proteína quinase A ([PKA] (proteína quinase dependente do AMPc). A PKA é normalmente inativa como uma tetramericholoenzima, constituída por duas unidades catalíticas e duas unidades reguladoras (C2R2), com as unidades reguladoras a bloquear os centros catalíticos das unidades catalíticas. O AMP cíclico liga-se a locais específicos nas unidades reguladoras da proteína cinase e provoca a dissociação entre as subunidades reguladoras e catalíticas, activando assim as unidades catalíticas e permitindo-lhes fosforilar as proteínas do substrato. São necessárias quatro moléculas de AMPc para ativar uma única enzima PKA. Para isso, duas moléculas de AMPc ligam-se a cada uma das duas subunidades reguladoras de uma enzima PKA, fazendo com que as subunidades se separem, expondo as duas subunidades catalíticas (agora activadas). Em seguida, as subunidades catalíticas podem continuar a fosforilar outras proteínas (**Omar et al., 2009**).

A proteína quinase A tem várias funções na célula, incluindo a regulação do metabolismo do glicogénio, do açúcar e dos lípidos. Nos adipócitos maduros, a sinalização por AMPc está envolvida na ativação de processos de obtenção de energia, como a degradação do glicogénio; esta ação está associada ao ramo PKA da sinalização por AMPc. (**Mayati et al., 2012**).

Segue-se uma lista das etapas envolvidas na ativação da PKA:

1- O AMPc citosólico aumenta.
2- Duas moléculas de AMPc ligam-se a cada subunidade reguladora da PKA.
3- As subunidades reguladoras saem dos locais activos das subunidades catalíticas e o complexo R2C2 dissocia-se.
4- As subunidades catalíticas livres interagem com proteínas para fosforilar resíduos de Ser ou Thr **(Nygren e John, 2015).**

As subunidades activas catalisam a transferência de fosfato do ATP para resíduos específicos de serina ou treonina dos substratos proteicos. As proteínas fosforiladas podem atuar diretamente nos canais iónicos da célula, ou podem tornar-se enzimas activadas ou inibidas. A proteína quinase A também pode fosforilar proteínas específicas que se ligam a regiões promotoras do ADN, provocando o aumento da expressão de genes específicos **(Endicott et al., 2012**). Os mecanismos de efeitos adicionais podem ser divididos em fosforilação direta de proteínas e síntese proteica:

1- Na fosforilação direta de proteínas, a PKA aumenta ou diminui diretamente a atividade de uma proteína.
2- Na síntese proteica, a PKA começa por ativar diretamente o CREB, que se liga ao elemento de resposta do AMPc, alterando a transcrição e, por conseguinte, a síntese da proteína. Em geral, este mecanismo leva mais tempo (horas a dias).

A concentração intracelular de AMP cíclico fornece o controlo mais fundamental sobre a atividade da proteína quinase A:

1- Quando os níveis de AMP cíclico são baixos, as subunidades catalíticas estão ligadas a um dímero de subunidades reguladoras e estão inactivas.
2- À medida que a concentração de AMP cíclico aumenta, este liga-se às subunidades reguladoras, levando a uma mudança alostérica na conformação que provoca a libertação das subunidades catalíticas.
3- As subunidades catalíticas livres estão activas e começam a fosforilar os seus alvos.

Epac

A Epac foi descoberta em 1998 através da pesquisa de novas proteínas de ligação ao AMPc na base de dados do genoma e é um fator de troca de nucleótidos de guanina para a pequena proteína G Rap. Existem duas isoformas de Epac, Epac 1 e 2. A Epac

2 tem duas variantes de splicing denominadas Epac 2A e 2B. A Epac 1 também existe em pelo menos duas variantes de splicing. Tanto a Epac 1 como a 2 contêm um domínio de pleckstrin egl-10 desgrenhado que liga a proteína às membranas celulares, seguido de um domínio de ligação ao AMPc, um motivo de permutador Ras, um domínio associado ao Ras e um domínio de permuta de nucleótidos de guanina (domínio de homologia CDC25). A Epac 2 possui um domínio adicional de ligação ao AMPc no terminal N da proteína. As proteínas de troca que são diretamente activadas pelo AMPc (Epac1 e Epac2) são proteínas de sinalização reguladas pelo AMPc que estão altamente enriquecidas no estriado (**Insel et al., 2012**).

O domínio de ligação do AMPc da Epac é cerca de 40 vezes menos sensível ao AMPc do que a subunidade reguladora da PKA, pelo que a PKA é considerada como o principal alvo do AMPc. A Epac é assim considerada como um sensor de uma forte sinalização de AMPc. A Epac1 e a Epac2 estão presentes na maioria dos tecidos, embora com níveis de expressão diferentes. A Epac1 é muito abundante nos vasos sanguíneos, nos rins, no tecido adiposo, no sistema nervoso central, no ovário e no útero, ao passo que a Epac2 é sobretudo expressa no sistema nervoso central, na glândula suprarrenal e no pâncreas. (**Almahariq et al., 2013).**

Ambas as isoformas de Epac têm capacidade para ativar Rab 1 e 2. Vários relatórios apontam a lipase fosforilada C, a Akt, a mTORC2, o inositol 1-4-5 trisfosfato, a ERK, a proteína quinase II dependente de Ca2+ /calmodulina e a PKC como alvos a jusante da Epac. Rab1 regula a adesão celular através da sinalização da integrina. Por outro lado, foi demonstrado que a Epac 2 desempenha um papel importante na secreção de insulina, controlando o tráfico de vesículas contendo insulina (**Mayati et al., 2012).**

A ativação da Epac é necessária para a aceleração da diferenciação dos adipócitos induzida pelo AMPc. Foi demonstrado que a Epac desempenha um papel importante na regulação da sinalização da leptina no hipotálamo, na sinalização do Ca cardíaco^{2+} , na migração de células cancerígenas, na aprendizagem e nas interacções sociais, na exocitose, na diferenciação neuronal e no crescimento dos neurónios, na secreção de insulina, na contração cardíaca, na permeabilidade vascular, na migração celular, na libertação de neurotransmissores, na imunidade, na hipertrofia cardíaca, na prevenção da fibrose dos tecidos, no relaxamento dos músculos lisos e na apoptose neuronal (**Laurent et al., 2012).**

A Epac está envolvida na sinalização do cálcio nas células B, e sabe-se que níveis elevados de cálcio intracelular inibem a diferenciação dos adipócitos. O Epac estimula a expressão de uma enzima chave na síntese do colesterol - a hidroximetilglutaril-CoA sintase - tanto a nível transcricional como translacional. Além disso, sabe-se que o AMPc regula a produção de testosterona. (**Payne e Hales, 2004).**

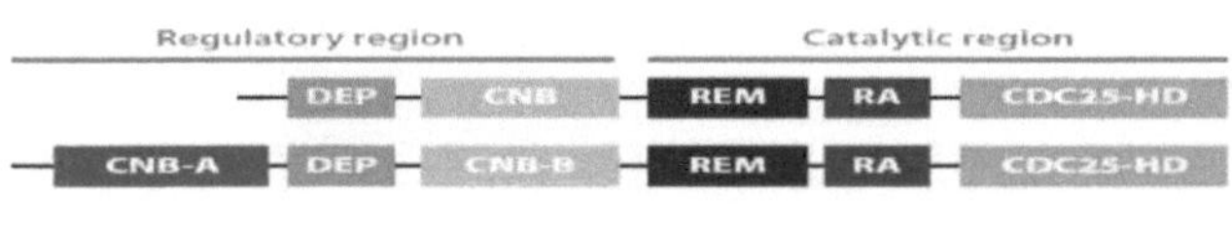

Fig. 11: Estrutura de domínio das proteínas Epac. CNB (ligação a

nucleótidos cíclicos), DEP (Disheveled, Egl-10 e Pleckstrin), CDC25-HD (domínio de homologia CDC25), REM (motivo de troca Ras), RA (associação Ras).

O forskolin estimula a lipólise através do aumento da acumulação de adenosina monofosfato cíclico (AMPc). O efeito da forskolina na obesidade através dos níveis de AMPc foi investigado em vários estudos (**Idris et al., 2015**).

O AMPc é degradado em AMP pela fosfodiesterase, que converte rapidamente o AMPc em AMP, reduzindo assim a quantidade de AMPc. Existem mais de 40 tipos de fosfodiesterases. As fosfodiesterases podem ter como alvo o GMPc ou o AMPc ou ambos. Consequentemente, a atividade do AMPc de algumas fosfodiesterases pode ser regulada pela concentração de GMPc, de forma semelhante a uma competição. Além disso, o AMPc, por si só, pode regular a atividade de fosfodiesterases específicas do AMPc. Também foi referido que a insulina, a histamina e os iões de cálcio regulam a atividade das fosfodiesterases (**Omar et al., 2009; Shimizu-Albergine et al., 2011).**

Assim, a regulação negativa da proteína quinase A e da EPAC ocorre por um mecanismo de feedback que utiliza a fosfodiesterase, reduzindo a quantidade de AMPc que pode ativar a proteína quinase A. Deste modo, a PKA e a EPAC são controladas pelo AMPc (**Conti et al. 2013).**

Ação do AMPc na homeostase cerebral através da regulação neural;

O sistema do neuropeptídeo Y (NPY) e o sistema da melanocortina (MC) são duas vias reguladoras centrais encontradas no cérebro que são influenciadas pela ingestão de alimentos e por alterações nos níveis de leptina e insulina. São os reguladores mais importantes do apetite e da homeostase energética. Estes sistemas funcionam em oposição. O sistema NPY é um sistema catabólico que actua para estimular a alimentação e o armazenamento de energia, enquanto o sistema MC está envolvido na utilização da energia armazenada e na supressão da ingestão de alimentostambém envolvido na secreção exócrina e na inflamação,
função sexual, imunomodulação, controlo da temperatura, regulação cardiovascular e muitas outras funções (**Girardet et al., 2014; Gautron et al., 2015**).

O sistema de melanocortinas inclui as homonas estimulantes de melanócitos (MSH) a, в e Y e a adrenocorticotropina (ACTH), todas derivadas da POMC por clivagem pós-traducional. A ACTH e a família de péptidos MSH são conhecidas como melanocortinas. As melanocortinas também promovem um balanço energético negativo.

Vias de sinalização do NPY: O papel do NPY na homeostase através da diminuição do nível de cAMP.

A ativação dos neurónios NPY/AgRP aumenta a ingestão de alimentos e o aumento de peso através da ação estimuladora do NPY nos receptores Y, especificamente nos subtipos Y1 e Y5 (o NPY actua em cinco receptores diferentes Y1, Y2, Y3, Y4 e Y 6) nos neurónios de segunda ordem e na inibição dos receptores 3 e 4 da melanocortina (MC3/4) mediada pelo AgRP **(Kim et al., 2015).**

Os receptores NPY são receptores acoplados a Gi/o-proteína que reduzem a produção de AMPc, levando à ativação de canais de K+ retificadores internos (GIRK), dependentes de proteína G, e à inibição de canais de Ca+ dependentes de voltagem[2] **(Sohn et al. 2013; Kim et al., 2015).**

O aumento farmacológico do tónus NPY resulta em hiperfagia e redução da termogénese do tecido adiposo castanho (BAT), associada à diminuição da atividade do eixo da tiroide. **(Shi et al., 2013).**

Vias de sinalização do MC4R/MC3R: O papel do MC4R na homeostase através da ativação e do aumento do nível de cAMP.

Os MC3R e MC4R são expressos em praticamente todas as regiões do sistema nervoso central (SNC), incluindo o córtex, o septo, o hipocampo, o tálamo, o hipotálamo, a amígdala, o tronco cerebral e a medula espinal. Têm um papel fundamental na homeostase energética através do controlo do consumo de alimentos, do gasto energético, da produção hepática de glicose, da insulina e das alterações da atividade do sistema nervoso simpático (SNS) **(Renquist et al., 2013; Morgan et al., 2015; Michael et al., 2016)**. O MC4R é expresso principalmente no sistema nervoso central, e evidências crescentes apóiam seu papel essencial na regulação da homeostase energética. Os MC4R estão localizados em muitos núcleos envolvidos na regulação do balanço energético, onde os neurónios POMC e AgRP enviam projecções axonais, especialmente no ARC do hipotálamo e no NTS do tronco cerebral. (**Krashes et al., 2016).**

Estão envolvidos no controlo do peso corporal devido à sua elevada afinidade de ligação à a-MSH e às fortes alterações fisiológicas daí resultantes.

Os receptores MC4R/MC3R codificam um recetor acoplado à proteína G (contêm sete domínios transmembranares (TM) ligados por anéis extracelulares (EL) e anéis intracelulares alternados, e o terminal N extracelular e o terminal C intracelular),que transduzem sinais através do acoplamento à proteína heterotrimérica G-estimuladora (proteína G_s) e da ativação da adenilato ciclase, conduzindo subsequentemente a um aumento da produção de monofosfato de adenosina cíclico (AMPc) que, em consequência, aumenta a atividade da proteína quinase A (PKA) (**Molden et al., 2015**). Esses efeitos são antagonizados pelo AgRP, que também atua como um agonista inverso ao inibir a sinalização constitutiva do MC4R. (**Garfield et al., 2015; Krashes et al., 2016**).

O agonista sintético dos receptores MC4Rs suprime a ingestão de alimentos como aMSH, enquanto um antagonista sintético como AGRP leva ao efeito oposto **(Crujeiras et al., 2013; Gautron et al., 2015; Garfield et al., 2015; Krashes et al., 2016)**.

Para além da via convencional Gs-cAMP-PKA, foi demonstrado que o MC4R também ativa as quinases reguladas por sinal extracelular1/2 (ERK1/2) **(Vongs et al., 2004)** e esta via de sinalização está envolvida na diminuição da ingestão de alimentos induzida pela melanocortina. Assim, a ativação da via ERK1/2 é um mecanismo celular que pode estar subjacente à regulação da homeostase energética mediada pelo MC4R **(Damm et al., 2012).**

O MC4R também ativa as proteínas quinases activadas por mitogénio (MAPK), tanto in vitro como in vivo no hipotálamo do rato. A ativação da MAPK pelo MC4R leva à potenciação da sinalização da leptina (**Zhang et al. 2009, Patten et al., 2007**). A ativação do MC4R potenciou a sinalização mTOR (mammalian target of rapamycin) estimulada pela insulina, através de um mecanismo que envolve a proteína quinase activada por AMP (AMPK). A sinalização mTOR cerebral está envolvida na regulação da ingestão de nutrientes e do metabolismo energético. (**Chai et al., 2006; Breit et al., 2011**).

Foi também demonstrado que a ativação do MC4R aumenta os níveis de cálcio intracelular e de inositol trisfosfato através da via de sinalização dependente de Gq/fosfolipase C **(Newman, et al. 2006).**

Os sinais do MC4R regulam a ingestão de alimentos através de neurónios efectores secundários que conduzem a centros corticais superiores, um processo que envolve o fator neurotrófico derivado do cérebro (BDNF) e o seu recetor neurotrófico tirosina quinase recetor tipo 2 (NTRK2; também conhecido como quinase B relacionada com a tropomiosina, TRKB). **(Rios et al., 2013; Slusher et al., 2015)**.

A ativação do MC4R aumenta os níveis intracelulares de AMPc, o que estimula a fosforilação mediada pela proteína quinase dependente de AMPc (PKA) e a ativação do CREB induz o fator de transcrição hipotalâmico Single-minded 1 (Sim1) **(Xu et al., 2013)** e aumenta a expressão da hormona libertadora de corticotropina (CRH) no hipotálamo e a ativação do sistema nervoso simpático (SNS) para estimular o gasto energético e a termogénese em todo o corpo. **(Tingting et al., 2012)**. A curto prazo, a CRH e o SIM1 podem suprimir o apetite e diminuir a ingestão de alimentos e a perda de peso.

O recetor nuclear de TRH é um recetor de membrana chave envolvido na homeostase energética, principalmente pelo MC4R. No PVN, a leptina estimula a produção de TRH através da coordenação de vias que culminam na ativação do MC4R e no aumento dos níveis de AMPc intracelular. Um elemento responsivo à ligação da resposta ao AMPc (CREB) no promotor da TRH impulsiona a transcrição da TRH, estimulando a produção de T3 e o gasto energético. Além disso, o T3 hipotalâmico estimula as vias orexigénicas e amortece os sinais anorexigénicos **(Hill, 2012; Alkemade, 2015).**

Além disso, a ativação dos MC4R aumenta os níveis intracelulares de AMPc, o que estimula a PKA e induz a expressão de malonil-CoA hipotalâmico, um intermediário na biossíntese de ácidos gordos que regula o comportamento alimentar alterando a expressão dos principais neuropeptídeos orexígenos e anorexígenos. O aumento dos níveis hipotalâmicos de malonil-CoA está associado a uma regulação negativa de NPY/AgRP e a uma regulação positiva de POMC/CART e vice-versa **(Gary e John, 2010).**

A ativação do MC4R inibe a apoptose, uma vez que aumenta os níveis da proteína BCL2 e reduz os níveis da proteína Bax, promovendo assim a sobrevivência celular contra estímulos apoptóticos nos astrócitos e nos neurónios. **(Carla et al., 2007)**.

Assim, o sistema da melanocortina é um importante alvo de tratamento para melhorar tanto a adiposidade (gordura corporal excessiva) como a adiposopatia (gordura corporal disfuncional) **(Chen et al., 2015)**.

Além disso, foi demonstrado muito recentemente que o agonista MC4R melhora a esteatose hepática, reduzindo o teor de lípidos e de TG no fígado de ratinhos obesos induzidos por dieta **(Kumar et al. 2009).** Estes dados sugerem que os agonistas MC4R podem ter um efeito protetor no metabolismo lipídico e, especialmente, na síntese de TG.

As mutações no gene MC4R conduzem a uma doença autossómica dominante de um único gene chamada deficiência de MC4R, a doença mendeliana relacionada com a obesidade mais comum nos seres humanos. As suas características clínicas incluem obesidade de início na maturidade, hiperfagia, aumento de peso, diabetes induzida por resistência à insulina, hiperglicemia, aumento do crescimento linear e hiperleptinemia **(Garza et al 2008).**

As diferenças entre os ratinhos MC3R e MC4R nulos parecem sugerir que o

MC3R pode regular a eficiência alimentar e a partição de nutrientes em gorduras, sugerindo uma relação reduzida de oxidação de gorduras/carboidratos, enquanto o MC4R pode regular a ingestão de alimentos e o gasto de energia.

Até à data, foram identificadas mais de 150 mutações diferentes do MC4R **(Tao, 2010)** (não sinónimas, frameshift/deleções e sem sentido), a maioria das quais resulta numa alteração da proteína MC4R, localizadas em todas as partes do recetor. As mutações MC4R que conduzem a uma função reduzida do recetor (desde uma ligeira redução até à perda total da função ou uma função inseparável do recetor de tipo selvagem. Em contrapartida, outras mutações do MC4R que conduzem a um aumento da função (Val 1031le e 11e25 I Leu) têm um efeito de redução do peso **(Wang et al., 2010).**

Várias mutações no domínio extracelular N-terminal resultaram apenas na perda de atividade basal em comparação com o MC4R de tipo selvagem. Assim, a atividade constitutiva do MC4R transmite presumivelmente um sinal de saciedade tónica. Se esta sinalização tónica for interrompida, pode ocorrer obesidade **(Srinivasan et al. 2004).**

As mutações do MC4R causam obesidade através de um mecanismo de haploinsuficiência em vez de uma atividade negativa dominante. Embora os papéis da homo e hetero-dimerização na síntese e maturação da proteína G sejam enfatizados, alguns efeitos negativos dominantes das mutações MC4R não podem ser excluídos.

As mutações do MC4R resultam em (j) perda completa da função do recetor, (ii) perda parcial da função, ou (iii) uma função inseparável do recetor de tipo selvagem. Foram propostos dois sistemas de classificação:

1- O primeiro sistema de classificação foi descrito em 2005 por Tao, que propôs cinco classes de mutações **(Tao e Segaloff, 2005; Tao, 2010)**. As mutações da classe I (mutações nulas) resultam numa diminuição/ausência dos níveis de MC4R devido a defeitos na síntese proteica e/ou a um aumento da degradação proteica. Classe II: mutações (expressão reduzida na superfície celular) levam à síntese da proteína mutante, que não é expressa na superfície celular. A maioria das proteínas mutadas pertence a esta classe. Os receptores mutantes da classe IV (sinalização reduzida) apresentam uma expressão na superfície celular e uma ligação ao ligando, mas a sinalização celular através do AMPc é prejudicada. As mutações da classe V (como o tipo selvagem) têm uma expressão normal na superfície celular, ligação ao ligando e sinalização. A forma como interferem com a função do MC4R ainda não foi determinada com os actuais ensaios experimentais de ponta. No entanto, uma vez que não estão disponíveis as tonalidades adequadas de células hipotalâmicas humanas, podem prever-se efeitos in vivo funcionais mas indetectáveis **(Biebermann et al. 2012).**

2- O grupo de **Vaisse et al. 2000** classificou as mutações MC4R em três grupos: **(Lubrano- Berthelier et al, 2006).**

a. Mutações do MC4R que levam a uma expressão alterada da superfície celular
b. Mutações MC44R que levam a uma alteração da atividade basal
c. Mutações MC4R que levam a uma resposta alterada de a-MSH

O MC4R pode também ter utilidade clínica como biomarcador para prever a suscetibilidade individual a efeitos adversos induzidos por medicamentos que causam aumento de peso e anomalias metabólicas relacionadas.

Regulador a jusante do BDNF do MC4R:

Os receptores A2A de adenosina (A2AR) modulam a ação do BDNF ou dos seus receptores de alta afinidade, os receptores TrkB, na transmissão sináptica e na plasticidade, através da ativação dos receptores TrkB induzida pelos A2AR. A adenosina no SNC tem a capacidade de aumentar os níveis de AMPc intracelular em várias áreas cerebrais; desde o início que se reconheceu que as acções de aumento do AMPc da adenosina operam através dos receptores A2 (**Sebastião e Ribeiro, 2009**). Estes receptores podem atuar sinergicamente com outros receptores envolvidos no aumento de AMPc em fatias cerebrais (por exemplo, histamina, norepinefrina e serotonina), causando efeitos mais do que aditivos na acumulação de AMPc. Embora os efeitos inibitórios da adenosina na transmissão sináptica e a sua não correlação com o aumento dos níveis de AMPc tenham sido descritos precocemente, as investigações dos efeitos excitatórios da adenosina foram atrasadas devido à distribuição única do A2AR. **(Sebastiao et al., 2011)**

Os mecanismos subjacentes ao efeito facilitador dos A2AR na função da TrkB envolvem a via AMPc/proteína quinase A (PKA), sugerindo que a libertação de adenosina induzida pela atividade pode fisiologicamente ter um papel permissivo nos efeitos sinápticos do BDNF **(Diogenes et al. 2004)**. No seu conjunto, a informação disponível permite concluir que o efeito excitatório induzido pelo BDNF na transmissão sináptica no hipocampo está dependente do TrkB e da ativação do A2AR, através de um mecanismo que requer a formação de AMPc e a atividade da proteína quinase A (PKA) **(Ji et al., 2005)**.

As jangadas lipídicas são essenciais para a sinalização do BDNF. As jangadas lipídicas são microdomínios membranares enriquecidos em colesterol, glicoesfingolípidos e proteínas específicas **(Suzuki et al., 2004)**. É também interessante notar que o próprio BDNF aumenta a biossíntese de colesterol, o que resulta em níveis mais elevados de proteínas pré-sinápticas em lipid rafts e no desenvolvimento adequado de sinapses **(Suzuki et al., 2007)**.Que a ativação de A2AR aumenta os níveis de receptores TrkB em lipid rafts e potencia a fosforilação de TrkB induzida por BDNF nestes microdomínios de membrana por cAMP e ativação de quinase da família Src **(Assaife-Lopes et al., 2010)**. Os ratinhos HFD, altamente sugestivos de uma neuroprotecção mediada pelo recetor A2A selectiva para HF deficiente em BDNF.

Os ratinhos BDNF+/- são obesos, desenvolvem hiperfagia e agressividade. Além disso, os ratinhos BDNF+/- têm níveis aumentados de dopamina no estriado que estão correlacionados com respostas comportamentais alteradas que envolvem o sistema dopaminérgico nigrostriatal **(Dluzen et al., 2001)**.

O cérebro da doença de Alzheimer (DA), causada por uma alternância no BDNF, apresenta uma sinalização defeituosa da insulina, níveis alterados e/ou ativação aberrante de componentes da via de sinalização da insulina e, mais importante ainda, uma diminuição da capacidade de resposta à insulina. **(Talbot et al., 2012).**

A expressão do fator neurotrófico derivado do cérebro (BDNF) no hipotálamo parece ser regulada pela atividade do recetor da melanocortina-4 (MC4R). A haploinsuficiência de BDNF humano, quer devido à deleção heterozigótica em pacientes com síndrome de deleção WAGR/11p **(Han et al., 2008)** ou à interrupção da expressão de BDNF numa criança com inversão intersticial 11p **(Gray et al., 2006)**, está associada a concentrações séricas diminuídas de BDNF, hiperfagia e obesidade **(Hohenadel et al., 2014).**

Ação do AMPc nos adipócitos

Os adipócitos expressam múltiplos receptores adrenérgicos (31, B2, 33, a1 e a2). A ativação dos receptores B adrenérgicos estimula a sinalização do AMPc, enquanto a estimulação dos receptores a adrenérgicos diminui a sinalização do AMPc **(Kurylowicz et al., 2015).** Os receptores beta-adrenérgicos, derivados dos receptores adrenérgicos, pertencem à família dos receptores acoplados à proteína G e a sua ativação desencadeia a resposta do neurotransmissor simpático NE e da hormona circulante epinefrina. Foram distinguidos três subtipos de adrenoceptores (31, B2, 33). Os receptores consistem em sete domínios de membrana, encontrados principalmente no tecido adiposo. Os receptores beta-adrenérgicos são um dos principais componentes do sistema de equilíbrio energético e a estimulação dos três subtipos de receptores beta-adrenérgicos foi descrita para induzir a lipólise e a termogénese nos tecidos adiposos, especialmente o recetor beta2-adrenérgico e o recetor beta3-adrenérgico (**Cypess et al., 2015**).

A expressão de receptores adrenérgicos torna os adipócitos sensíveis à ação das catecolaminas, como a noradrenalina e a adrenalina. **(Kooijman et al., 2015).**

O mecanismo mais conhecido que promove a lipólise é a ativação da via do AMPc. A lipólise é estritamente controlada pelo mecanismo regulado pelo estado energético do organismo. A lipase sensível à hormona (HSL) é a enzima crucial no processo de lipólise. **(Bolsoni-Lopes et al., 2015).**

Norepinefrina e sistema nervoso simpático - aspeto fisiológico na termogénese e no gasto energético: (A via eferente)

A sinalização através do Mc4r ativa o sistema nervoso simpático (SNS), um componente essencial do sistema nervoso autónomo que desempenha um papel importante na manutenção da homeostase energética e da termogénese através do controlo hormonal e neural, levando a um aumento da libertação de norepinefrina. **(Contreras et al., 2015; Kooijman et al., 2015).**

Seguida pela norepinefrina proveniente das terminações nervosas simpáticas, a NA liga-se aos receptores adrenérgicos na superfície de todos os tecidos que contêm estes receptores. O tecido adiposo possui abundantes adrenoreceptores na sua superfície. Quando as NA se ligam aos receptores beta-adrenérgicos, as proteínas Gs das membranas celulares activam a enzima adenilato ciclase. A adenilato ciclase converte então o ATP em 3'-5' cAMP. O cAMP liga-se então à subunidade reguladora da proteína quinase A (PKA). Uma vez ligada ao cAMP, a PKA liberta as suas subunidades catalíticas. A subunidade catalítica fosforila o HSL (HSL-P). A HSL-P catalisa então uma reação de hidrólise em três etapas para reduzir os triglicéridos em glicerol e ácidos gordos (processo de lipólise). (Inicia a degradação dos triglicéridos, separando a primeira cadeia de ácidos gordos do triacilglicerol. Após a ativação, a HSL transloca-se do citoplasma para as gotículas lipídicas, onde ocorre o primeiro passo da lipólise **(Kooijman et al., 2015).**

A ativação do HSL é o último passo de uma cadeia de reacções intracelulares que constituem o sistema do segundo mensageiro. Chama-se sistema de segundo mensageiro porque a norepinefrina actua como primeiro mensageiro e o AMPc actua como segundo **(Tao et al., 2013).**O processo de lipólise está sob controlo de feedback que atenua a lipólise a vários níveis. As substâncias químicas envolvidas na atenuação da eficácia da norepinefrina são as fosfodiesterases, as prostaglandinas e a adenosina **(Li et al., 2013).**

Nos adipócitos brancos/castanhos e nas células musculares lisas intestinais, os iventos acima referidos levam à ativação do coactivador 1 alfa do recetor gama ativado por proliferador de peroxissoma (PGC1-alfa) / recetor gama ativado por proliferador de peroxissoma (PPAR-gama). O PPAR-gama encontra-se num complexo com o recetor X retinoide alfa (PPAR-gama/RXR-alfa) que participa na ativação transcricional da proteína desacopladora 1 **(Busiello et al., 2015)**.

Além disso, à medida que a NA se liga aos receptores adrenérgicos, ativa a via de sinalização AMPc - PKA que induz a indução da proteína desacopladora mitocondrial-1 (UCP-1) no tecido adiposo. A UCP1 participa nos processos fisiológicos de desacoplamento da fosforilação oxidativa e na termogénese sem arrepios nos adipócitos castanhos. A UCP-1 é uma proteína mitocondrial de membrana interna que desacopla a entrada de protões da síntese de ATP; por conseguinte, a expressão da UCP-1 dissipa a energia sob a forma de calor. A UCP-1 é induzida por ácidos gordos livres derivados da degradação dos triglicéridos; os AGL libertados pelos adipócitos são transportados para o fígado, onde são utilizados para obter energia através da cetogénese, a lipólise reduz a expressão da leptina; assim, é criado um ciclo de feedback negativo entre a leptina e o SNS. **(Busiello et al., 2015).**

O AMPc-PKA ativado pelo recetor Beta-3 adrenérgico fosforila a Lipase hormonal sensível (LIPS) e a Perilipina, sendo esta última um facilitador da atividade da LIPS. As perlipinas são as proteínas lipofílicas, associadas às gotículas lipídicas, que são abundantes na superfície das gotículas lipídicas. A função destas proteínas é a prevenção da interação das enzimas lipolíticas com as gotículas lipídicas. As perlipinas têm múltiplos lados de fosforilação que são também alvos da PKA. Após a fosforilação, as perlipinas perdem a sua capacidade de bloqueio, pelo que a sinalização por AMPc permite a translocação de HSL do citoplasma para as gotículas lipídicas. (Além disso, o SNS ativa o recetor e2-adrenérgico nas células e reduz a libertação de insulina. A ação da insulina promove a utilização do excesso de nutrientes na corrente sanguínea, pelo que a insulina também diminui a lipólise. A insulina inibe a lipólise, estimulada pela sinalização cAMP, através da ativação da fosfodiesterase 3B (PDEB3). A ativação da PDEB3 pela insulina é conduzida *através da* fosforilação do resíduo Ser 302 (sequência da proteína humana) pela Akt. (**Madsen e Kristiansen, 2015**).

O TNF-a também induz a lipólise nos adipócitos, regulando o HSL e as perlipinas. O TNF-a aumenta o nível de receptores B-2 **(Fru "hbeck et al., 2014).**

Quadro 1: Descrição da sinalização dos receptores beta-adrenérgicos (pós-sinápticos) através do AMPc :(Proteína Gs acoplada. Ativação da adenilil ciclase (ATP ^ cAMP)

β_1	β_2	β_3
1- **the heart** a- ↑heart rate (+ chronotrophic) b- ↑impulse conduction (+ dromotropic) c- ↑contraction (+ inotropic) d- ↑ejection fraction 2- **↑ renin release by juxtaglomerular cells** 3- **↑ hunger** a- ↑ ghrelin release by stomach	1- **Smooth muscle relaxation of:** a- Bronchus b- Bronchioles c- Detrusor muscle d- Uterine muscle 2- **Contraction of urethral spinchter** 3- **↑ renin release by juxtaglomerular cells** 4- **Glucose metabolism** a- Inhibits insulin release b- Stimulate Gluconeogenesis Glycolysis 5- **Lipolysis** 6- **Thickened salivary secretion**	**Lipolysis and thermogenesis in adipose tissue**

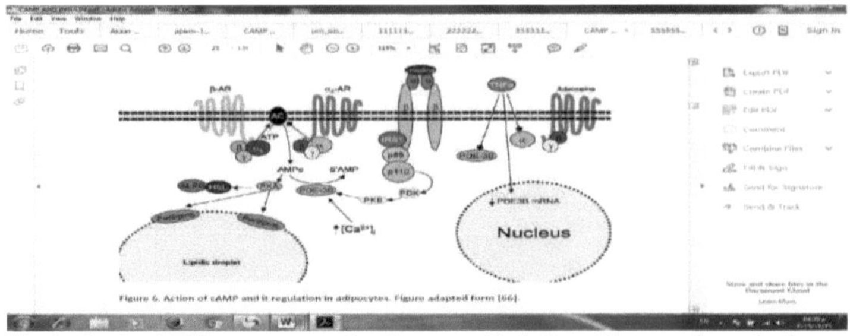

Fig. 12: Ação do AMPc e sua regulação nos adipócitos. Figura adaptada de **(Carmen GY**

et al., 2006)

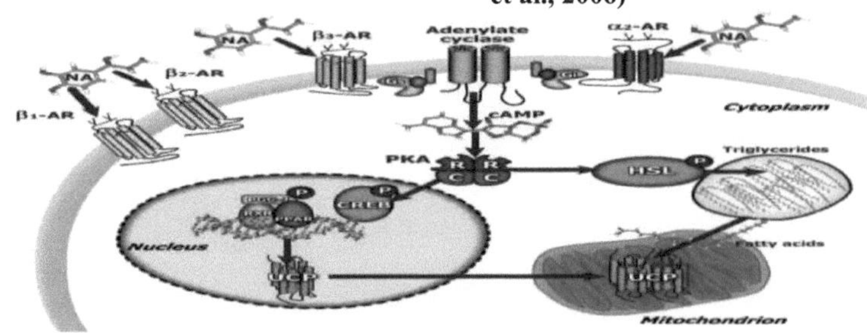

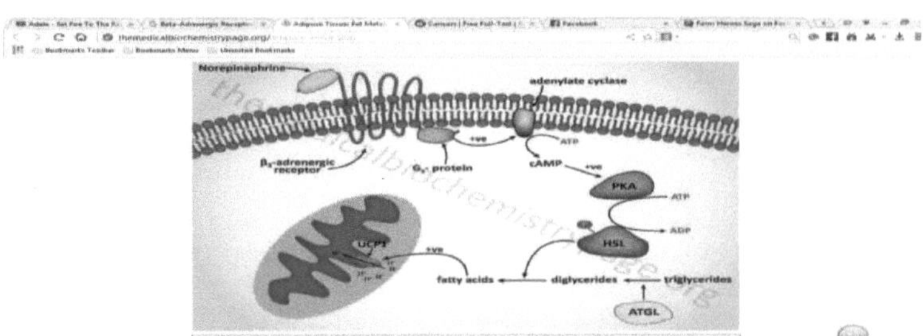

Fig. 13: Controlo adrenérgico da termogénese no tecido adiposo castanho.

AR: recetor adrenérgico; **HSL:** lipase sensível às hormonas. **B): Geração hormonal de calor na gordura castanha.** Em resposta à norepinefrina, esta liga-se aos receptores e3-adrenérgicos nos adipócitos castanhos, o que resulta na ativação da adenilato ciclase. A adenilato ciclase ativa gera cAMP que por sua vez, ativa a PKA, levando à fosforilação e ativação do HSL. O HSL ativo acelera então a libertação de ácidos gordos dos triglicéridos armazenados. Alguns dos ácidos gordos e algumas moléculas de gordura activam a UCP1, que desacopla o gradiente de protões na mitocôndria, libertando a energia sob a forma de calor. (Figuras: actualizadas de: **(Valle et al., 2010)**

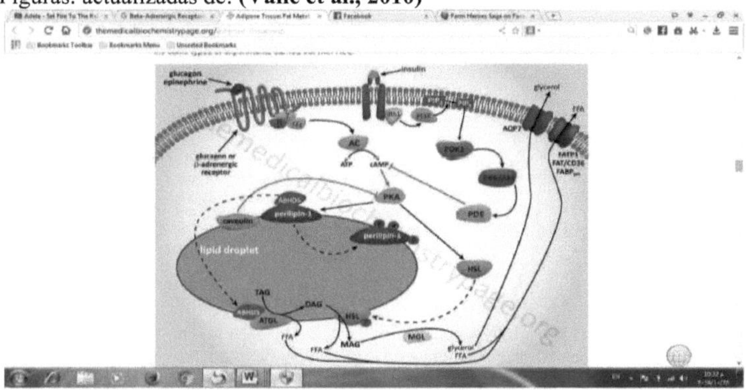

Fig. 14: Regulação da lípólise dos adipócitos mediada por hormonas:

A epinefrina (bem como a norepinefrina) e o glucagon estimulam a libertação de ácidos gordos dos triglicéridos armazenados nas gotículas de gordura dos adipócitos, ao passo que a insulina tem por função contrariar as respostas a estas duas hormonas e, inversamente, induzir o armazenamento de gorduras, PKA activada A PKA fosforila a perilipina-1 e o HSL A atividade da PKA é, em certa medida, regulada pela proteína caveolina da gotícula da tampa A fosforilação da perilipina-1 conduz à libertação do coactivador ATGL, ABHD5 (também conhecido por CGl-58).

A ABHD5 aumenta então a atividade da ATGL, fornecendo assim mais substratos de DAG à HSL activada pela PKA. Os ácidos gordos livres são transportados para a membrana plasmática ligados à proteína de ligação aos ácidos gordos dos adipócitos (aP2, também conhecida por FABP4), que são depois transportados através da membrana plasmática para a circulação por uma das várias proteínas de transporte de ácidos gordos. O glicerol libertado pela ação da lipase de monoacilglicerol (MGL) é transportado através da membrana plasmática por ação da aquaporina 7, AOP7 As acções da insulina, que contrariam os efeitos da epinefrina ou do glucagon, resultam essencialmente da ativação da PKB que, por sua vez, fosforila e ativa a fosfodiesterase (PDE), conduzindo a uma redução do nível de AMPc e à consequente redução da atividade da PKA **(Valle et al., 2010).**

Além disso, o NPY reduz a deposição e a ativação do tecido adiposo castanho:

O sistema NPY também tem um efeito inibitório na atividade do TAB. O NPY promove um balanço energético positivo ao estimular a adipogénese e inibir a lipólise no TAB. Estes efeitos parecem ser mediados através da regulação do eixo hipotálamo-SNS-tecido adiposo. Os possíveis mecanismos descritos acima estão resumidos nas Figuras 1 e 2 **(Chao et al., 2011; Shi et al., 2013; Zhang et al., 2014; Lin et al., 2015).**

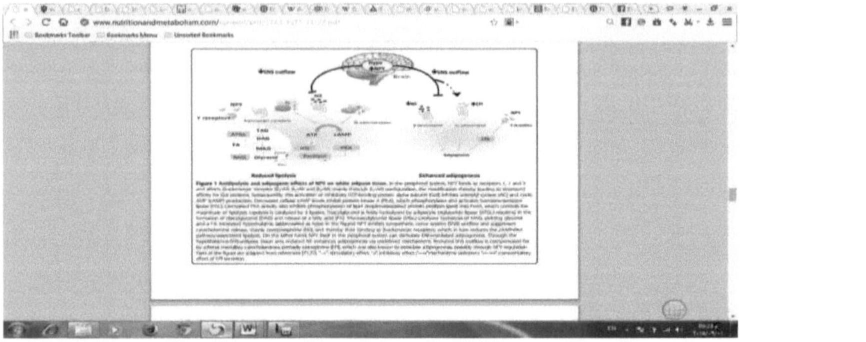

Fig. 15: Efeitos antilipolíticos e adipogénicos do NPY no tecido adiposo branco.

No sistema periférico, o NPY liga-se aos receptores 1, 2 e 5 e afecta a configuração dos receptores в-adrenérgicos (P1-AR, e2-AR e в3- AR; principalmente através do e2-AR), modificação que conduz a uma maior afinidade pelas proteínas Gai. Subsequentemente, esta ativação da subunidade alfa da proteína de ligação ao GTP inibitória (Gai) inibe a adenilil ciclase (AC) e a produção de AMP cíclico (cAMP). A diminuição dos níveis celulares de AMPc inibe a proteína quinase A (PKA), que fosforila e ativa a lipase sensível às hormonas (HSL). A diminuição da atividade da PKA também inibe a fosforilação da proteína perilipina (peri) associada às gotículas lipídicas em PeriA, que controla a magnitude da lipólise. A lipólise é catalisada por 3 lipases. O aumento do NPY hipotalâmico (abreviado como hipo na figura) inibe o fluxo de saída do sistema nervoso simpático (SNS) e suprime a libertação de catecolaminas, principalmente a norepinefrina (NE), e, por conseguinte, a sua ligação aos receptores в-adrenérgicos, o que, por sua vez, reduz a lipólise associada à via AMPc-PKA. Por outro lado, o próprio NPY no sistema periférico pode estimular a adipogénese mediada por ERK. Através do eixo hipotálamo-SNS-tecido adiposo, a redução do NE aumenta a adipogénese através de mecanismos indefinidos. A redução do fluxo de SNS é
compensada pelas catecolaminas da medula suprarrenal, principalmente a epinefrina (EPI), que foi
secreção. (**Altarejos e Montminy, 2011).**

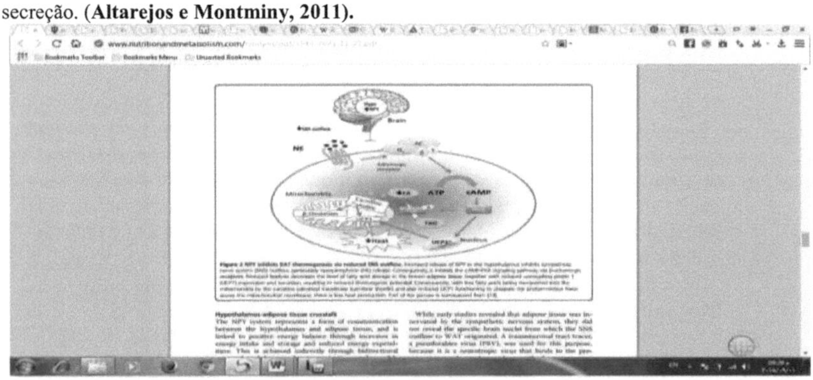

Fig. 16: O NPY inibe a termogénese do MTD através da redução do fluxo do SNS.

O aumento da libertação de NPY no hipotálamo inibe o fluxo de saída do sistema nervoso simpático (SNS), particularmente a libertação de norepinefrina (NE). Por conseguinte, inibe a via de sinalização cAMP-PKA através dos receptores ʙ-adrenérgicos. A redução da lipólise diminui o nível de armazenamento de ácidos gordos no tecido adiposo castanho, juntamente com a redução da expressão e secreção da protina desacopladora 1 (UCP1), resultando numa redução do potencial termogénico. Consequentemente, com menos ácidos gordos a serem transportados para a mitocôndria pela carnitina palmitoil transferase (carnitina shuttle) e também com a UCP1 a funcionar menos para dissipar a força motriz de protões através da membrana mitocondrial, há menos produção de calor. Parte do quadro está resumido em (**Townsend e Tseng, 2012**).

AMPc e processos termogénicos nos adipócitos castanhos

Desde a década de 1970, o TAB tem sido reconhecido como o principal órgão do SNT. A ermogénese é facilitada pelo desacoplamento da respiração mitocondrial da produção de ATP, mediada pela proteína desacopladora 1 (UCP1), também designada por termogenina, localizada na membrana mitocondrial interna. Utilizando o transporte de electrões da oxidação dos ácidos gordos como substrato, a UCP1 permite o movimento livre de protões através da membrana mitocondrial, evitando a síntese de ATP e dissipando o excesso de energia sob a forma de calor **(Whittle et al., 2011).** A potência termogénica deste mecanismo é considerável, e o MTD totalmente ativado em humanos foi avaliado como contribuindo para 5% da taxa metabólica basal **(van Marken et al., 2011).** Ao aumentar os valores energéticos obtidos em roedores, estima-se teoricamente que este efeito tenha o potencial de aumentar o gasto energético diário em até 20% **(Cypess et al., 2010)**. A função do TAB é controlada tanto pelo sistema nervoso central como pelo sistema nervoso periférico. O sistema nervoso simpático (SNS) é essencial para ativar a termogénese do TAB. Um aumento da taxa de disparo dos nervos simpáticos que servem o TAB leva à libertação de noradrenalina no terminal nervoso e à ativação dos receptores ʙ -adrenérgicos (ʙ -ARs, que são receptores acoplados à proteína G) expressos nos adipócitos castanhos, principalmente o subtipo e3 (ʙ 3-AR). Após a estimulação do recetor, a proteína G associada ativa a adenilato ciclase (AC), aumentando o AMPc, que por sua vez ativa a proteína quinase A (PKA), induzindo a termogénese e a ativação a jusante da proteinkinase activada por mitogénio p38 (MAPK) **(Cannon, 2004).** A PKA tem efeitos agudos e crónicos no tecido adiposo. A resposta aguda da PKA aumenta a lipólise, levando a um aumento do nível citosólico de ácidos gordos livres (AGL). Este processo ocorre através da ativação da lipase dos triglicéridos adiposos (ATGL), da lipase sensível às hormonas (HSL; a forma activada é a pHSL) e da lipase do monoacilglicerol (MGL), as três hidrolisando sequencialmente os triglicéridos para libertar AGL. A carnitina palmitoiltransferase1a (CPT1a) introduz os AGL-CoA na mitocôndria, onde a oxidação dos AGL leva à formação de NADH e FADH, que são depois oxidados na cadeia de transporte de electrões **(Whittle et al., 2011).** Os nucleótidos de purina, como o GDP e o ADPN, estão ligados à UCP1 em condições de repouso, inibindo-a; no entanto, os FF As, que activam diretamente a UCP1, deslocam os nucleótidos inibidores, aumentando a atividade da UCP1 em segundos (Cannon B 2004). Além dos efeitos agudos, a estimulação prolongada do BAT durante horas e dias resultará em quantidades aumentadas de proteína UCP1, biogénese mitocondrial e hiperplasia e hipertrofia do BAT **(Whittle, et al., 2011).** Assim, embora o balanço energético total dependa de muitos factores (ingestão alimentar, gasto energético, termogénese do TAB, etc.), a estimulação do TAB pode ter um impacto no balanço energético a longo prazo e, consequentemente, no peso corporal. A BAT não só aumenta o gasto energético, mas também leva à eliminação de triglicéridos no plasma (**Bartelt et al., 2011)** e melhora a homeostase da glicose **(Gunawardana e Piston, 2012)** através da sua capacidade de absorção e eliminação de grandes quantidades de lípidos e glicose da circulação para utilização como substratos para a termogénese **(Bartelt et al., 2011).** Com base nisso, a gordura marrom emergiu como um alvo para combater a obesidade e distúrbios metabólicos relacionados **(Villarroya, 2013).** Este conceito é relevante porque se sabe que o aumento da função do BAT é um mecanismo fisiológico de contra-regulação na obesidade induzida por dieta rica em gordura (HFD), provocando o recrutamento de BAT, incluindo o aumento dos níveis de expressão de UCP1 **(Bartelt et al., 2011).** No entanto, o uso de BAT como órgão-alvo para drogas deve ser abordado com cuidado, uma vez que evidências recentes demonstraram que o aumento da atividade de BAT pode ter efeitos colaterais prejudiciais. Um relatório recente demonstrou que o crescimento da placa aterosclerótica foi acelerado pelo frio induzido **(Contreras et al., 2015).**

A termogénese do MTD, indiretamente causada pelo aumento associado da lipólise. De notar que os ratinhos knockout UCP1 estavam protegidos desse efeito, sugerindo que a ativação da função UCP1 pode ser responsável pelos riscos cardiovasculares associados a baixas temperaturas **(Dong et al., 2013).**

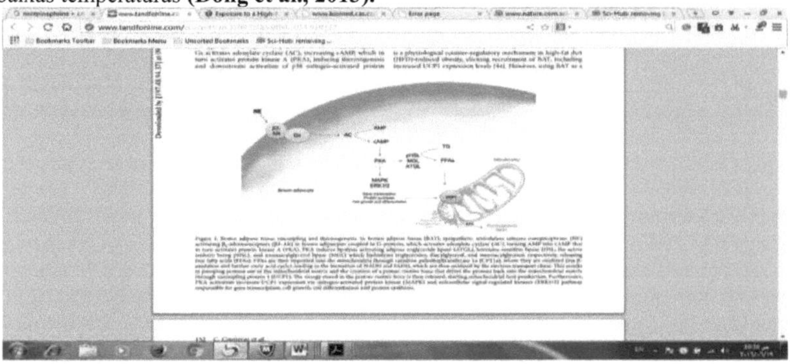

Fig. 17: Desacoplamento do tecido adiposo castanho e termogénese.

No tecido adiposo castanho (BAT), a estimulação simpática liberta norepinefrina (NE), activando os receptores B3 - adrenérgicos (B 3-AR) nos adipócitos castanhos acoplados às proteínas G, que activam a adenilato ciclase (AC), transformando o AMP em AMPc que, por sua vez, ativa a proteína quinase A (PKA). A PKA induz a lipólise, activando a lipase dos triglicéridos adiposos (ATGL), a lipase sensível às hormonas (HSL; a isoforma ativa é a pHSL) e a lipase do monoacilglicerol (MGL), que hidrolisam os triglicéridos, o diacilglicerol e o monoacilglicerol, respetivamente, libertando ácidos gordos livres (AGL). Os AGL são depois importados para a mitocôndria através da carnitina palmitoiltransferase 1a (CPT1a), onde são oxidados (através da B- oxidação e do ciclo do ácido cítrico), levando à formação de NADH e FADH, que são depois oxidados pela cadeia de transporte de electrões. O resultado é o bombeamento de protões para fora da matriz mitocondrial e a criação de uma força motriz de protões que conduz os protões de volta à matriz mitocondrial através da proteína desacopladora 1 (UCP1). A energia armazenada na força próton-motriz é então liberada, iniciando a produção de calor mitocondrial. Além disso, a ativação da PKA aumenta a expressão da UCP1 através da via da proteína quinase activada pelo mitogénio (MAPK) e das quinases reguladas pelo sinal extracelular (ERK)1/2, responsáveis pela transcrição de genes, crescimento celular, diferenciação celular e síntese proteica **(Contreras et al., 2015).**

Ação do AMPc na inflamação do tecido adiposo:

A inflamação do tecido adiposo é cada vez mais reconhecida como um componente chave das doenças associadas à obesidade, tais como as doenças cardiovasculares e a diabetes tipo II. Os macrófagos do tecido adiposo podem compreender até 40% das células do tecido adiposo obeso e representam uma fonte rica em citocinas que são mediadores chave do aumento do risco de resistência à insulina associado à obesidade e do aumento do risco de doenças metabólicas e cardiovasculares (**Osborn e Olefsky, (2012)**.

A obesidade leva ao aumento de mediadores inflamatórios como TNF-a, IL-1, IL-6 e NF-κB e à redução da expressão de PPAR-Y. Todas estas citocinas são reguladas pelo AMPc (**Shenget al., 2012)**. A atividade do PPAR-alfa que promove a diferenciação dos adipócitos e a sua ativação é feita através da ativação do eixo CAMP/PKA/PPAR-Y (**Guri et al., 2010)**.

Os ácidos gordos livres podem ativar o NF-κB e aumentar a produção de TNF-a, iniciando a cascata da reação inflamatória. Foi demonstrado que as citocinas pró-inflamatórias, incluindo o TNF-a e a IL-6, activam a via do NFkB, que está então associada à progressão do tumor (**Karin e Greten, 2005**). O monofosfato de adenosina cíclico (AMPc), envolvido na regulação do TNF-a, inibe a ativação do TNF-a. Além disso, a ativação da quinase indutora de NF-κB (NIK) promove a hiperglicemia na obesidade induzida por HFD e a intolerância à glicose, inibindo o CREB através da inibição da via AMPc/proteína quinase A (**Guri et al., 2010)**.

Ação do AMPc nas jangadas lipídicas:

A sinalização dos receptores acoplados à proteína G tem um papel na jangada lipídica. Estes microdomínios especializados da membrana compartimentam os processos celulares, servindo como centros organizadores para a montagem de moléculas de sinalização, influenciando a fluidez da membrana e o tráfico de proteínas da membrana, e regulando a neurotransmissão e o tráfico de receptores **(Zeljka et al., 2008)**.

As jangadas lipídicas foram caracterizadas como domínios de membrana dinâmicos à escala nanométrica, com um tamanho provavelmente inferior a 10 nm. A sua formação é determinada pelo empacotamento apertado do colesterol com lípidos de cadeia acil longa e saturada, o que leva à formação de uma fase líquida ordenada que separa as proteínas incorporadas do resto da membrana (**John et al., 2006)**

Transferências de energia para avaliar a influência espacial e funcional de nanodomínios lipídicos líquidos ordenados ricos em colesterol na sinalização do recetor adrenérgico B2 (e2AR). A fase lipídica líquida ordenada desta membrana é rica em pool de Gs e AC. A desestabilização da fase líquida ordenada por depleção de colesterol levou a uma redistribuição lateral de Gs e AC que favoreceu as interacções entre o recetor e os seus parceiros de sinalização, avaliadas por transferência de energia. Isto resultou num aumento da produção de AMPc basal e estimulada pelo agonista, que foi parcialmente atenuada em resultado da fosforilação constitutiva dependente da proteína quinase A e da dessensibilização do recetor. Esta influência restritiva dos nanodomínios na sinalização do e2AR foi ainda comprovada pela demonstração de que a estabilização da fase lipídica ordenada por líquidos, utilizando a sobreexpressão da caveolina ou o aumento da quantidade de colesterol na membrana, conduziu a uma inibição da sinalização associada ao e2AR. Assim, o agrupamento de receptores e efectores em plataformas de sinalização contribui para a eficácia e seletividade da transdução de sinais, restringindo a atividade basal e controlando a capacidade de resposta da maquinaria de sinalização do e2AR em plataformas de sinalização maiores (**Hanson et al.,**

2008; Pontier et al., 2008).

A influência da manipulação do colesterol nas propriedades de sinalização do e2AR levou-nos a avaliar as propriedades biofísicas do ambiente membranar que envolve o recetor e os seus efectores. **(Zeljka et al., 2008).**

Regulação do AMPc e cancro:

O AMP cíclico (AMPc), o primeiro segundo mensageiro descoberto, é uma das moléculas de sinalização mais estudadas e desempenha um papel fundamental nas respostas celulares a estímulos extracelulares. Controla um vasto espetro de efeitos biológicos, incluindo a proliferação celular, a diferenciação e a apoptose. A regulação intracelular do AMPc depende do equilíbrio entre a sua produção pela adenilil ciclase, uma enzima estimulada por diversas hormonas e neurotransmissores, e a sua degradação pelas fosfodiesterases. No entanto, estudos recentes sustentam que o efluxo de AMPc através de membros da família das proteínas de resistência associada a múltiplos fármacos (MRPs), como MRP4, MRP5 e MRP8, constitui um mecanismo adicional relevante envolvido na regulação da sinalização do AMPc. A família MRP, pertencente à subfamília C de transportadores ATP-binding cassette (ABC), tem um papel importante no efluxo de fármacos e de moléculas endógenas. A MRP4 e a extrusão de AMPc podem representar um novo alvo potencial para a terapia de diferenciação (ref.).

Estudos recentes sugerem que a EPAC1 desempenha um papel importante na imunomodulação, na migração/metástase das células cancerosas e no metabolismo. Estes resultados, juntamente com o desenvolvimento bem sucedido de inibidores de pequenas moléculas específicos da EPAC, identificam a EPAC1 como um alvo terapêutico promissor para o tratamento do cancro.

A PKA como potencial alvo para a terapia de tumores

Sabe-se que vários fármacos e peptídeos comerciais (por exemplo, forskolina, CREBtide, KEMPtide, PKA RIIalpha) ou tratamentos químicos (sulfato de zinco) interferem na síntese ou degradação do AMPc, ou ativam ou inibem a atividade da PKA. Alguns análogos do AMPc também têm sido testados como agentes anticancerígenos, visando a estimulação seletiva da PKA RI **(Gebler et al., 2015).**

A atividade da PKA pode também ser interferida através da seleção da subunidade catalítica, uma vez que esta pode atuar também como um andaime para permitir diversas interacções com várias proteínas. A sobreexpressão da PKA é uma caraterística comum a vários tipos de cancro. Em conclusão, a crescente evidência recente aponta para a PKA como uma ferramenta viável para o diagnóstico de tumores e sugere a PKA como um potencial alvo para a terapia tumoral **(Gebler et al., 2015).**

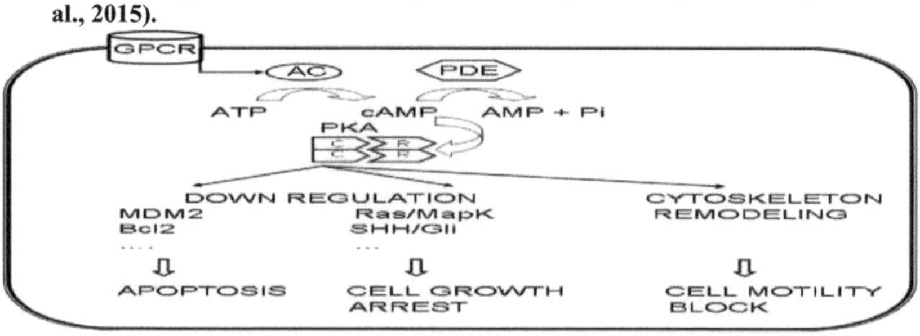

Fig. 18: Um esquema simplificado do possível envolvimento da via AMPc/PKA no cancro.

fosforilam várias proteínas-alvo por cAMP/PKA, levando à apoptose, à paragem do crescimento celular e ao bloqueio da motilidade celular.

Vários péptidos actuam como neurotransmissores ou péptidos hormonais, aumentando ou reduzindo a ingestão de alimentos. A alimentação também está sob o controlo de um sistema central regulado por um equilíbrio delicado entre monoaminas e neuropeptídeos **(Gebler et al., 2015).**

Os níveis e as possíveis funções de vários neurotransmissores são influenciados pelas reservas de precursores alimentares. Os principais neurotransmissores incluem as aminas biogénicas (5-HT, dopamina, noradrenalina, histamina), formadas a partir do triptofano, da tirosina e da histidina, bem como a acetilcolina e a glicina, que podem ser constituídas a partir da colina e da treonina. **(Gebler et al., 2015).**

Neurotransmissores:

Os neurotransmissores são substâncias químicas endógenas que transmitem sinais de um neurónio para uma célula-alvo através de uma sinapse. Os neurotransmissores são acondicionados em vesículas sinápticas agrupadas sob a membrana no terminal do axónio, no lado pré-sináptico de uma sinapse. São libertados e difundem-se através da fenda sináptica, onde se ligam a receptores específicos na membrana do lado pós-sináptico da sinapse. A libertação de neurotransmissores segue-se geralmente à chegada de um potencial de ação à sinapse, mas pode também seguir-se a potenciais eléctricos graduais **(Tank et al., 2015).**

Acções dos neurotransmissores: A única ação direta dos neurotransmissores é a ativação do recetor. Por conseguinte, os efeitos de um sistema de neurotransmissores dependem das ligações dos neurónios que utilizam o transmissor e das propriedades químicas dos receptores aos quais o transmissor se liga **(Tank et al., 2015).**

Tipos de neurotransmissores

Os neurotransmissores são frequentemente classificados em dois tipos: transmissores de pequenas moléculas e neuropeptídeos.

- **Transmissores de pequenas moléculas:** são agentes directos nas células vizinhas.

  Monoaminas e outras aminas biogénicas: dopamina (DA), norepinefrina (noradrenalina; NE, NA), epinefrina (adrenalina), histamina, serotonina (5-HT).

  Aminoácidos como o glutamato, o aspartato, o GABA e a glicina.

  Outros: acetilcolina (ACh), adenosina, anandamida, óxido nítrico, etc. **(Sapolsky, 2005).**

- **Neuropeptídeos:** São pequenas moléculas semelhantes a proteínas (péptidos) utilizadas pelos neurónios para comunicarem entre si. Diferentes neuropeptídeos estão envolvidos numa vasta gama de funções cerebrais, incluindo analgesia, recompensa, ingestão de alimentos, metabolismo, reprodução, comportamentos sociais, aprendizagem e memória. Por exemplo: (a-MSH, CART, NPY, AGRP, в- Endorfinas, Grelina, Hormona libertadora da hormona do crescimento, Insulina, Oxitocina, Somatostatina, Substância P, Péptidos opióides) **(Freberg, 2009).**

Os neurotransmissores funcionais podem ser excitatórios (despolarizantes): por exemplo, glutamato ou inibitórios (hiperpolarizados): por exemplo, ácido Y-aminobutírico (GABA).

Os neurotransmissores monoaminérgicos

Este grupo aromático aminado de agentes neurotransmissores e moduladores interage com as hormonas no controlo dos mecanismos de saciedade e dos hábitos alimentares. Sabe-se também que a norepinefrina, a dopamina e a serotonina (5-HT) estão envolvidas nos circuitos centrais de balanço energético e são exemplos deste grupo de compostos. **(Lam et al., 2010; Musacchio, 2013).**

Serotonina:

A serotonina ou 5-hidroxitriptamina (5HT) é um neurotransmissor monoamínico. É uma indolamina, um subproduto da hidroxilação e da carboxilação do ácido amina triptofano. É produzida nos núcleos da rafe e libertada em todo o cérebro. É um neurotransmissor monoaminérgico amplamente distribuído, e os seus receptores foram encontrados em praticamente todos os órgãos **(McGlashon et al., 2015)**.

A maior parte é produzida e encontrada no intestino e a restante nos neurónios do sistema nervoso central. Funciona para regular o apetite, a ansiedade, a agressividade, a depressão, o sono, a memória, a aprendizagem, a temperatura, o humor, o comportamento, a contração muscular, a função do sistema cardiovascular e o sistema endócrino. Desempenha um papel na redução do apetite, na ingestão de alimentos e na perda de peso, aumentando a utilização de energia. Com efeito, a serotonina influencia tanto os centros reflexos do tronco cerebral como os centros integradores hipotalâmicos envolvidos no controlo da ingestão de alimentos. **(Haahr et al., 2015).**

A 5-HT influencia quase todas as funções cerebrais, quer inibindo quer estimulando o ácido gama-aminobutírico (GABA). É assim que a 5-HT regula o humor, o sono, a atividade sexual, o apetite, o ritmo circadiano, as funções neuroendócrinas, a temperatura corporal, a sensibilidade à dor, a atividade motora e as funções cognitivas **(de Matos Feijo et al., 2011).**

O nível adequado deste neurotransmissor no cérebro depende da ingestão de triptofano (aminoácido precursor da serotonina) e de hidratos de carbono. **(Lam et al., 2008).**

Acções da serotonina:

A 5-HT controla a fome e a saciedade através de vários receptores com diferentes funções. Existem sete famílias diferentes de receptores 5-HT, designadas por 5-HT1 R a 5-HT 7 R **(Nichols e Nichols 2008)**, e em algumas destas famílias existem muitos subtipos de receptores, principalmente os receptores 5-HT1B e 5-HT2C. Utilizando ferramentas farmacológicas e genéticas, os subtipos 5-HT1BR, 5-HT2CR e 5-HT6R demonstraram ser os principais mediadores através dos quais a serotonina exerce os seus efeitos anorexígenos. **(Tarazi et al., 2010).**

Com exceção do recetor 5-HT3, um canal iónico ligado a um ligando, todos os outros receptores de serotonina são receptores acoplados à proteína G que activam uma cascata intracelular de segundos mensageiros para produzir uma resposta excitatória ou inibitória. **(Nichols e Nichols 2008).**

A via da melanocortina é essencial para a hipofagia em compostos serotoninérgicos. Investigações recentes esclareceram que os receptores 4 da melanocortina (MC4) são a chave que influencia o apetite. 5- Os fármacos HT requerem um sistema de melanocortina funcional para exercerem os seus efeitos na alimentação. O MC4R regula os receptores de serotonina (5-HT), cuja ativação induz a perda de peso. O recetor 5-HT modula a libertação endógena de agonistas e antagonistas dos receptores de melanocortina, que fazem parte dos principais componentes do circuito de controlo da homeostasia do peso corporal **(Lam et al., 2008); Sargent, 2011).**

Foi demonstrado que os fármacos anorexígenos 5-HT activam a POMC e inibem os neurónios NPY e AgRP no ARC, deprimindo a transmissão inibitória gabaérgica da a-MSH e do CART. Estes mecanismos associados produzem estimulação da saciedade e da termogénese e é por isso que estes receptores têm sido investigados como objectivos farmacoterapêuticos no tratamento da obesidade **(Halford *et al.*, 2005; Garfield *et al.*, 2009).**

O recetor 5-HT2C parece ser o mais importante na relação entre a ingestão de alimentos e o balanço energético, actuando através do recetor 5-HT2C, a 5-HT ativa diretamente a clivagem da POMC. Através do recetor 5-HT1B, a serotonina hiperpolariza e inibe o NPY e o AgRP no núcleo arqueado, deprimindo a transmissão inibitória gabaérgica de a-MSH e CART. (**Lam et al., 2008).**

Mais recentemente, o papel do recetor 5-HT2C na homeostase da glucose foi também referido em roedores. Estudos farmacológicos e genéticos demonstraram efeitos directos do recetor 5-HT2C na homeostase da glicose. Foi demonstrado que os ratos tratados com inibidores da captação de serotonina apresentam uma melhoria da tolerância à glucose. A interação entre a serotonina e a leptina na homeostase da glicose torna o sistema serotoninérgico um possível alvo na gestão da diabetes mellitus e da obesidade **(Marston OJ et al., 2009).**

Os neurónios serotoninérgicos no tronco cerebral caudal projectam-se amplamente no cérebro, e níveis elevados de 5-HT suprimem a ingestão de alimentos e reduzem o peso corporal **(Lam et al., 2010)**. A TPH1 é expressa predominantemente nos tecidos periféricos, incluindo a glândula pineal, enquanto a TPH2 é expressa exclusivamente no cérebro e no sistema nervoso entérico. Como a 5-HT não consegue atravessar a barreira hematoencefálica, o sistema 5-HT periférico é funcionalmente separado do sistema 5-HT central. (**Oh et al. 2016**).

Hoje em dia, os investigadores estão convencidos de que os fármacos que aumentam a biodisponibilidade da serotonina são os inibidores da recaptação da serotonina (inibidores selectivos da recaptação da serotonina (ISRS)), que incluem a fenfluramina, a sibutramina, a fluoxetina, etc. Os ISRS demonstram um potencial terapêutico para o tratamento da obesidade, reduzindo a ingestão de alimentos e o aumento do peso corporal. Os fármacos que inibem a captação de 5-HT têm sido cada vez mais utilizados para conseguir a perda de peso no tratamento da obesidade, uma vez que aumentam o poder de saciedade nos componentes pós-ingestão e pós-absorção dos alimentos **(Garfield et al., 2009)**.

Recentemente, em estudos experimentais, o antagonista do recetor 5-HT6 revelou-se altamente eficaz na redução da ingestão de alimentos e do peso corporal, pelo que estes fármacos podem trazer esperança para o desenvolvimento de fármacos seguros e eficazes no tratamento da obesidade (**Sargent, 2011**).

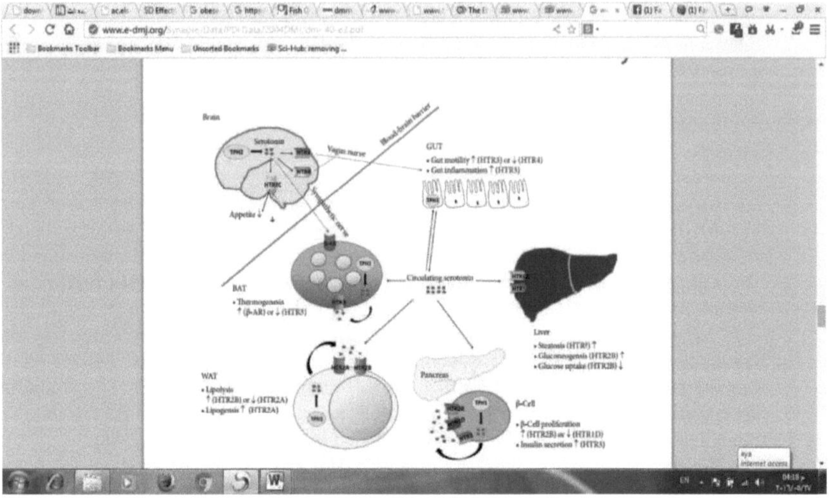

Fig. 19: Papel da 5-hidroxitriptamina (5-HT) nos órgãos metabólicos.

A 5-HT central regula o apetite e controla os órgãos metabólicos através do sistema nervoso simpático/parassimpático. A 5-HT periférica regula o metabolismo da glucose, a resistência à insulina e o gasto de energia de forma autócrina/parácrina ou endócrina. TPH, triptofano hidroxilase; HTR, recetor 5-HT; B- ARe-recetor adrenérgico; BAT, tecido adiposo castanho; WAT, tecido adiposo branco.

Dopamina

A dopamina é um importante neurotransmissor das catecolaminas com uma vasta gama de funções fisiológicas, incluindo a motivação, a recompensa e o reforço, a aprendizagem e a memória e o controlo motor. Além disso, é responsável pela hedónica, ou prazer, da ingestão de alimentos sem afetar a necessidade biológica dos mesmos. Isto ocorre através da alteração da resposta do organismo a estímulos ambientais salientes que provocam a ingestão de alimentos durante um período de disponibilidade de alimentos, em vez de o fazer para satisfazer necessidades energéticas. Isto pode resultar numa experiência agradável. **(Rossger et al., 2013).**

A maioria dos tipos de recompensa aumenta o nível de dopamina no cérebro, e uma variedade de drogas que causam dependência aumenta a atividade neuronal da dopamina. As projecções dos neurónios DA estendem-se da área tegmental ventral (VTA) ao núcleo accumbens (NAc) e outras estendem-se da subtantia nigra (SN) ao striatum dorsal (DS) e, em combinação com outras projecções, são conhecidas como o sistema dopaminérgico mesolímbico (DA) **(Volkow et al., 2011).**

Interacções entre as vias mesolímbica e homeostática da alimentação

A dopamina é frequentemente considerada o principal componente do sistema mesolímbico DA. As estruturas mesolímbicas do cérebro são responsáveis pela motivação, recompensa e emoções. Para além da ligação neuronal entre a ATV, o NAc e o hipotálamo lateral, os neurónios dopaminérgicos da ATV possuem receptores para importantes hormonas relevantes para a alimentação, semelhantes aos do ARC. A leptina, a insulina e a grelina não só afectam a alimentação através das vias homeostáticas, mas também têm efeitos sobre a dopamina no sistema mesolímbico DA para afetar a alimentação. A leptina, a insulina e a sinalização BDNF são necessárias para manter a homeostase da dopamina.(**Pinto et al., 2015**).

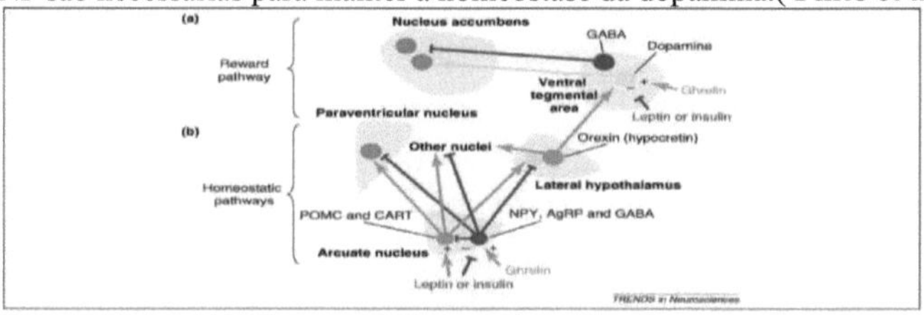

Fig. 20: Uma amostra das relações conhecidas entre as vias homeostáticas e as vias de recompensa.

Circuitos homeostáticos (A) e dopaminérgicos (recompensa/motivação) (B). As linhas vermelhas representam entradas inibitórias e as linhas verdes representam entradas excitatórias. A, Sinais hormonais periféricos (ou seja, leptina, grelina, insulina, péptido YY) entram no cérebro direta ou indiretamente e fornecem informações aferentes ao núcleo arqueado (NA), relacionadas com o metabolismo energético a curto prazo e a suficiência energética. O NA emite sinais anorexigénicos (a-MSH, POMC/CART) e orexigénicos (AgRP/NPY, ácido gama-amino-butírico) para os receptores de melanocortina 4 no núcleo paraventricular (PVN) e na área hipotalâmica posterior (LHA). Os neurónios da orexina na LHA enviam axónios para muitas regiões cerebrais, incluindo as áreas tegmentais ventrais (VTA) da via de recompensa. A via de recompensa consiste em projecções de DA e GABA para o NAc. A orexina ativa os neurónios dopaminérgicos (DA) de forma semelhante à grelina. B, Os sinais periféricos também entram no cérebro e actuam diretamente nos neurónios DA da ATV e da substância negra (SN). Os neurónios DA na ATV enviam projecções axonais para o núcleo accumbens (NAc); enquanto os neurónios DA na SN enviam projecções axonais para o striatum dorsal (DS). A leptina, a insulina e a grelina também podem atuar na VTA. A grelina ativa os neurónios DA, enquanto a leptina e a insulina os inibem **(Palmiter, 2007).**

Recetor de dopamina

Todos os receptores de dopamina pertencem a uma grande superfamília de GPCR. A transdução do sinal da dopamina é mediada por, pelo menos, cinco subtipos distintos de receptores acoplados à proteína G, classificados como receptores da classe D1 (D1 e D5) e da classe D2 (D2, D3 e D4).

As funções dos receptores de dopamina têm sido tipicamente associadas à regulação do AMPc e da PKA através da sinalização mediada pela proteína G. Os receptores da classe D1 estão geralmente ligados à proteína Gas e estimulam a produção do segundo mensageiro AMPc e a atividade da PKA. Em contrapartida, os receptores de dopamina de classe D2 estão acoplados a Gai e regulam negativamente a produção de AMPc, resultando numa diminuição da atividade da PKA (**Gainetdinov et al., 2011**).

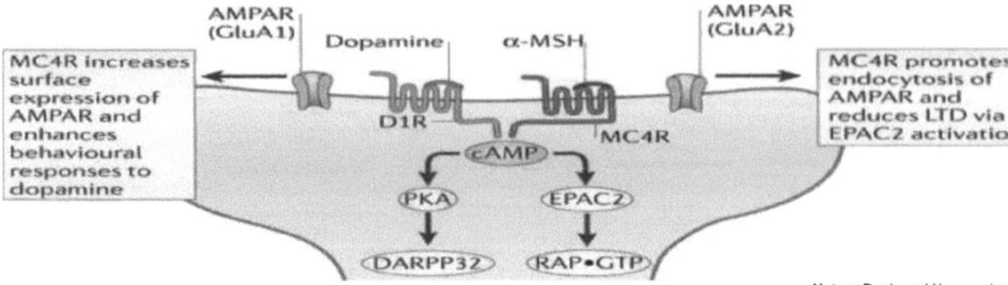

Figura 21: Sinalização bidirecional do MC4R no controlo da remodelação sináptica.

Nos neurónios que expressam o recetor Dl da dopamina (DlR), a sinalização do recetor 4 da melanocortina (MC4R) é necessária para a anedonia e a anorexia induzidas pelo stress, bem como para as respostas às drogas de abuso. No núcleo accumbens, o stress crónico aumenta os níveis da hormona estimulante dos melanócitos (a-MSH) e a sinalização MC4R, levando a alterações da força sináptica devido à endocitose dos receptores AMPA (AMPAR), que está associada a uma transmissão glutamatérgica deprimida. A estimulação do MC4R promove a atividade do AMP cíclico, que por sua vez ativa a proteína de troca diretamente activada pelo AMPc 2 (EPAC2), um alvo de AMPc independente da proteína quinase A (PKA). A EPAC2 aumenta a atividade da proteína repressora/activadora homóloga^GTP (RAP^GTP) e promove a endocitose de AMPARs contendo GluA2. As alterações da estequiometria dos AMPAR são acompanhadas por uma depressão da transmissão sináptica excitatória, que inclui alterações da depressão a longo prazo (LTD) e da potenciação a longo prazo durante o stress crónico. Por outro lado, o número de AMPARs na superfície celular aumenta após a exposição à cocaína e a convergência da sinalização MC4R e D1R determina os efeitos comportamentais da droga. Especificamente, após a exposição à cocaína, a fosfoproteína 32 regulada pela dopamina e pelo AMPc (DARPP32) e o GluAl são fosforilados via AMPc-PKA em Thr34 e Ser845, respetivamente, o que resulta num aumento da expressão à superfície e na abertura de AMPARs nos neurónios do estriado. São necessários mais estudos para elucidar a atividade das subunidades GluAl versus GluA2 durante a sinalização MC4R nos neurónios estriatais. **(Caruso et al., 2014)**

Vários substratos da PKA, como o CREB, os receptores ionotrópicos de glutamato e certos canais iónicos, demonstraram ser afectados pela estimulação dos receptores de dopamina (Greengard, 2001). Entre os substratos da PKA, a dopamina de 32 kDa e a fosfoproteína regulada pelo AMPc (DARPP-32) são uma das moléculas mais extensivamente estudadas e envolvidas na sinalização dos receptores da dopamina. A DARPP-32 é uma fosfoproteína multifuncional que actua como um integrador envolvido na modulação da sinalização celular em resposta a múltiplos neurotransmissores, incluindo a dopamina. Para além dos seus efeitos sobre a PKA, os receptores de dopamina podem também exercer acções fisiológicas actuando sobre outras moléculas reguladas pelo AMPc, a Epac. A DARPP-32 é uma molécula de sinalização que actua a jusante dos receptores D1 e D2 (**Caruso et al., 2014**).

O termo sistema de recompensa refere-se a um grupo de estruturas que são activadas por estímulos de recompensa ou de reforço (por exemplo, drogas que causam dependência). Quando exposto a um estímulo gratificante, o cérebro responde aumentando a libertação do neurotransmissor dopamina, pelo que as estruturas associadas ao sistema de recompensa se encontram ao longo das principais vias dopaminérgicas do cérebro. Pensa-se que a via dopaminérgica mesolímbica desempenha um papel primordial no sistema de recompensa. Esta via liga a área tegmental ventral (ATV), uma das principais áreas produtoras de dopamina do cérebro, ao núcleo accumbens, uma área situada no striatum ventral que está fortemente associada à motivação e à recompensa. Outra importante via dopaminérgica, a via mesocortical, vai da ATV até ao córtex cerebral e também é considerada parte do sistema de recompensa. Assim, o sistema de recompensa é geralmente considerado como sendo constituído pelas principais vias dopaminérgicas do cérebro (especialmente a via mesolímbica) e por estruturas como a ATV e o núcleo accumbens, que estão ligadas por estas vias dopaminérgicas.

Com base em experiências de estimulação cerebral e na importância cada vez mais reconhecida da dopamina na recompensa, a atenção começou a virar-se para as principais vias dopaminérgicas, que desempenham um papel importante na mediação das experiências de recompensa. O feixe medial do prosencéfalo liga a VTA, rica em dopamina, ao núcleo accumbens e é considerado parte da via mesolímbica da dopamina. Acabou por se reconhecer que, quando consumimos uma droga que causa dependência ou experimentamos algo gratificante, os neurónios dopaminérgicos da VTA são activados. Estes neurónios projectam-se para o núcleo accumbens através da via dopaminérgica mesolímbica, e a sua ativação provoca o aumento dos níveis de dopamina no núcleo accumbens. Além disso, a interrupção desta via em roedores que se tinham tornado viciados em pressionar uma alavanca para obter estimulação cerebral ou uma recompensa de droga fez com que deixassem de pressionar a alavanca, sugerindo que estas áreas são crucialmente importantes para a ocorrência de comportamentos viciantes (**Caruso et al., 2014**).

É importante notar que, desde os primeiros estudos sobre a perspetiva do sistema de recompensa, o papel da dopamina na recompensa mudou ligeiramente. Em tempos, a dopamina foi considerada o neurotransmissor responsável pela experiência do prazer, mas atualmente pensa-se que está envolvida em aspectos da recompensa que não a experiência direta do prazer **(Wise, 1998).**

O comportamento de alimentação resulta de uma combinação de factores dos ambientes interno e externo e é um comportamento típico motivado. O comportamento alimentar mantém o peso corporal de um organismo num limiar específico da sua espécie (tal como a temperatura). Daí vem a complexidade: a ingestão de alimentos depende de regras homeostáticas e também de outros estados internos, estados motivacionais também chamados de "impulsos" A motivação é expressa quando desencadeia um comportamento dirigido a um objetivo **(Compan et al., 2015).**

Quando os indivíduos sentem fome, sentem-se motivados para obter alimentos. A sensação de fome traduz-se então na procura de energia. A fome impele o organismo a adotar um comportamento orientado para um objetivo, a fim de procurar e consumir alimentos e, assim, sobreviver. Os indivíduos não tomam a decisão de sentir fome, mas podem decidir satisfazer ou não a fome. Para alguns indivíduos, o comportamento alimentar pode ser cronicamente desordenado e pode incluir restrição alimentar persistente e/ou ingestão excessiva apesar das consequências negativas, o que sugere perturbações da motivação e do comportamento orientado para um objetivo (tomada de decisão). A comida é uma recompensa primária básica, que requer motivação para a obter ("querer"). Alguns investigadores sugerem que o consumo excessivo de alimentos, independentemente de estar ou não associado à obesidade **(Corwin et al., 2011**), imita a dependência **(Avena, 2010).** No entanto, ainda não é claro se a compulsão alimentar representa um tipo de dependência **(Corwin, 2011).**

Além disso, foram identificados cinco receptores de dopamina acoplados à proteína G diferentes. Os subtipos de receptores D1 (D1, D5) estimulam a adenilil ciclase, enquanto os subtipos de receptores D2 (D2S, D2L, D3, D4) inibem a adenilil. Além disso, foi demonstrado que tanto os receptores do tipo D1 como os do tipo D2 regulam os níveis intracelulares de Ca2+. Os receptores do tipo D1 podem interagir com o calciton e influenciar a sinalização dependente do Ca2+ através da libertação de Ca2+ das reservas intracelulares, acoplada ao Gq. Os receptores do tipo D2 estão diretamente ligados à fosfolipase C e à produção de trifosfato de inositol. Consequentemente, a ativação dos receptores do tipo D2 leva à ativação da calcineurina, uma fosfatase proteica independente do Ca2+/calmodul (também conhecida por PP-2B) (**Beaulieu e Gainetdinov 2011**).

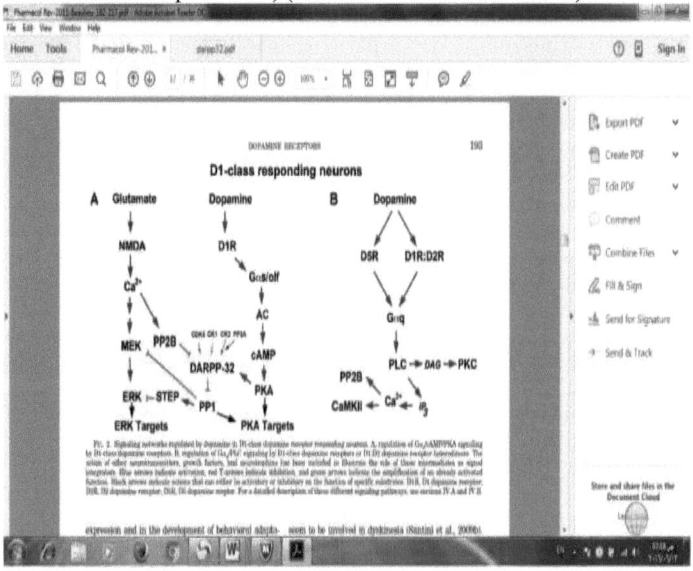

FIG. 22. Redes de sinalização reguladas pela dopamina nos neurónios que respondem aos receptores de dopamina da classe D1.

A, regulação da sinalização Gas/cAMP/PKA pelos receptores de dopamina de classe D1. B, regulação da sinalização Gaq/PLC por receptores de dopamina de classe Dl ou heterodímeros de receptores de dopamina D1:D2. A ação de outros neurotransmissores, factores de crescimento e neurotrofinas foi incluída para ilustrar o papel destes intermediários como integradores de sinal. As setas azuis indicam ativação, as setas T vermelhas indicam inibição e as setas verdes indicam a amplificação de uma função já activada. As setas pretas indicam acções que podem ser activadoras ou inibidoras da função de substratos específicos. D1R, recetor D1 da dopamina; D2R, recetor D2 da dopamina; D5R, recetor D5 da dopamina (**Beaulieu e Gainetdinov 2011**).

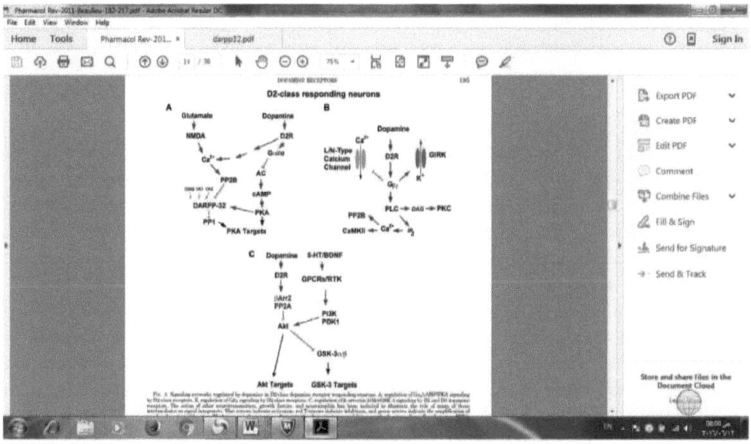

FIG. 23. Redes de sinalização reguladas pela dopamina em neurónios que respondem a receptores de dopamina da classe D2.

A, regulação da sinalização Gas/cAMP/PKA por receptores de dopamina D2 e D3.B, regulação da sinalização GeY por receptores de classe D2.C, regulação da sinalização B-arrestin 2/Akt/GSK-3 por receptores de dopamina D2 e D3.A ação de outros neurotransmissores, factores de crescimento e neurotrofinas foi incluída para ilustrar o papel de muitos destes intermediários como integradores de sinais. As setas azuis indicam ativação, as setas T vermelhas indicam inibição e as setas verdes indicam a amplificação de uma função já activada. As setas pretas indicam acções que podem ser activadoras ou inibidoras da função de substratos específicos. PDK1, quinase dependente de fosfatidilinositol 1; Pi3K, fosfatidilinositol 3-quinase; RTK, recetor tirosina quinase (**Beaulieu e Gainetdinov 2011).**

Norepinefrina:

A norepinefrina ou noradrenalina é uma catecolamina com múltiplas funções, incluindo uma hormona e um neurotransmissor. As áreas do corpo que produzem ou são afectadas pela norepinefrina são descritas como noradrenérgicas **(Schneeberger et al., 2014; Kooijman et al., 2015).**

Juntamente com a epinefrina, a norepinefrina também está na base da resposta de luta ou fuga, aumentando diretamente o ritmo cardíaco, desencadeando a libertação de glicose das reservas de energia e aumentando o fluxo sanguíneo para o músculo esquelético. Aumenta o fornecimento de oxigénio ao cérebro. Também é considerada a hormona do stress. (**Tank et al., 2015)**

Os efeitos simpáticos da norepinefrina (a via eferente): Também a norepinefrina, através do sistema nervoso simpático, promove a termogénese e o gasto energético. No tecido adiposo castanho, um aumento das calorias queimadas para gerar calor corporal. No tecido adiposo (i. e., células de gordura), um aumento da lipólise, como fontes de energia pelos músculos e outros tecidos. No fígado, a NA aumenta a produção de glicose, quer por glicogenólise, quer por gluconeogénese (**Contreras et al., 2015; Zhang et al., 2015**).

A U.S. Food and Drug Administration (FDA) recomenda a farmacoterapia para perda de peso quando as intervenções no estilo de vida (dieta, exercício e terapia comportamental) falharam e o índice de massa corporal (IMC) é >30kg/m² sem factores de risco concomitantes relacionados com a obesidade, ou se o IMC for >27 kg/m² e o doente tiver pelo menos um fator de risco relacionado com a obesidade. A adesão às intervenções no estilo de vida deve continuar durante o tratamento farmacológico. (**Guyenet e Schwartz 2012**).

Farmacoterapia, as opções de farmacoterapia disponíveis continuam a ser muito limitadas. Uma vez estabelecido que o paciente é um candidato à terapia medicamentosa, a escolha de um determinado medicamento deve ter em conta: comorbilidades associadas, efeitos secundários, potenciais efeitos benéficos independentes da perda de peso, resposta, custo e as preferências do paciente. (**Nguyen, et al.,2012**).

Atualmente, apenas dois medicamentos (orlistat e sibutramina) estão aprovados para a perda e manutenção de peso nos EUA e na Europa. E são usados como adjuvantes para facilitar a perda de peso e prevenir o reganho de peso em alguns pacientes sob intervenções no estilo de vida **(En? et al., 2009).** De facto, a sibutramina foi retirada na Europa e na América do Norte em 2010 porque foi demonstrado que os doentes submetidos a um tratamento prolongado com sibutramina são mais susceptíveis de ter um risco acrescido de enfarte do miocárdio não fatal e de acidente vascular cerebral não fatal **(James et al. 2010).**

As cirurgias bariátricas, tais como o bypass gástrico em Y de Roux, a gastrectomia vertical em manga e a banda gástrica ajustável, aumentaram a sua popularidade no tratamento da obesidade devido à sua capacidade superior de produzir uma perda de peso efectiva a longo prazo, tanto em termos de magnitude como de durabilidade, resultando numa média de 61,2% de perda de peso **(Stefater et al. 2012).** No entanto, apenas uma pequena fração da população obesa é submetida a estes procedimentos devido aos riscos significativos durante e após a operação e ao elevado custo **(Tindle et al., 2010** e **Terranova et al. 2012).**

Estratégias terapêuticas:

A nova compreensão da biologia da regulação do peso proporcionou uma grande variedade de potenciais alvos de medicamentos. As estratégias potenciais para conseguir a perda de peso são: (1) reduzir a ingestão de energia, estimulando os sinais anorexigénicos ou bloqueando os sinais orexigénicos e (2) aumentar o gasto energético (Quadro 1). Todas estas estratégias estão a ser investigadas. (Parece que o grau de eficácia desejado será mais provavelmente alcançado, com menos toxicidade, através da utilização de combinações de tratamento. **(Li e Cheung, 2009)**.

Quadro 2 | Medicamentos anti-obesidade

Drug (company)*	*Mechanism of action*	*Side effects*	*Comments*
Approved			

Phentermine[66,67]	• An amphetamine that increases the release of noradrenaline, dopamine and serotonin	• Cardiovascular: elevation in blood pressure, tachycardia • CNS: insomnia, restlessness, alters sexual behaviour, hormonal secretion and mood • Steatorrhoea, fecal incontinence, flatulence, and malabsorption of fat-soluble vitamins	• Approved by the FDA in 1959 • Recommended for short-term use (less than 3 months
Orlistat (Roche) [75 88]	• Pancreatic lipase inhibitor	• Rare cases of severe liver injury • Potential risk of kidney injury • Headache, dizziness, nausea, valvulopathy	• Approved by the FDA in 1999
Lorcaserin (Arena Pharmaceuticals) [131-140]	•5-HT receptor agonist that is more specific than previous compounds on the market	• Possible carcinogenic effects in rodents	• Approved by the FDA in June 2012 • Under evaluation by the EMAPost-marketing, long-term cardiovascular outcomes trial required
Phentermine +	• Phentermine:	• Possible teratogenic effects with	• Approved by the

Topiramate (Qsymia, formerly Qnexa; Vivus)[156–161]	mechanism of action as above • Topiramate: anticonvulsant, precise mechanism of action unknown	topiramate • Can increase heart rate	FDA in July 2012 • Post-marketing, long-term cardiovascular outcomes trial required
Withdrawn			
Fenfluramine[7,92–96]	• Increases the release of serotonin • Serotonin re-uptake inhibitor	• Hallucinations, valvulopathy, pulmonary hypertension	• Approved by the FDA in 1973 • Withdrawn in 1997
Sibutramine[97–106]	• Noradrenalin and serotonin re-uptake inhibitor	• Increased risk of heart attack and stroke in patients with high risk of cardiovascular disorders	• Approved by the FDA in 1997 • Withdrawn in 2010
Rimonabant[107–116]	• Cannabinoid 1 • receptor antagonist	• Risk of suicide	• Approved by the EMA in 2006 • Withdrawn in

			2009
Awaiting decision			
Bupropion + naltrexone (Contrave; Orexigen)[143-155]	• Bupropion: inhibitor of dopamine and noradrenalin uptake • Naltrexone: μ-opioid receptor antagonist	• Nausea, constipation, vomiting, dry mouth • Potential cardiovascular risk	• FDA will not approve Contrave without cardiovascular assessment • Orexigen will run a cardiovascular outcome trial

SNC, sistema nervoso central; EMA, Agência Europeia de Medicamentos; FDA, Administração de Alimentos e Medicamentos dos EUA; NDA, pedido de autorização de introdução de novos medicamentos; PDUFA, lei relativa à taxa de utilização de medicamentos sujeitos a receita médica **(Dietrich e Horvath, 2012).**

Plantas Medicinais como Potenciais Novos Fármacos Alvo em Distúrbios Endócrinos:

O tratamento farmacológico e as intervenções cirúrgicas nem sempre são adequados. Por exemplo, apesar dos benefícios a curto prazo do tratamento medicamentoso na obesidade, este está frequentemente associado a um aumento de peso após a interrupção do uso do medicamento, a efeitos secundários da medicação e ao potencial de abuso de drogas **(Hasani-Ranjbar e Larijani, 2014)**. Por outro lado, os radicais livres são subprodutos do metabolismo anormal do corpo em várias doenças crónicas e são factores importantes para complicações tardias e doenças secundárias. As ervas medicinais são uma fonte adequada de antioxidantes. **(Hasani-Ranjbar et al., 2010).**

No homem, os primeiros indícios de plantas medicinais foram encontrados no Médio Oriente e remontam à Idade da Pedra. A polinização cruzada de ideias entre as culturas europeias e asiáticas produziu conhecimentos avançados sobre plantas medicinais para normalizar as suas utilizações **(Kim et al., 2007).**

A organização mundial de saúde (OMS) também recomendou a avaliação de plantas medicinais eficazes para algumas doenças devido à falta de medicamentos modernos seguros **(Sadighi et al., 2004)**.

Muitas ervas foram identificadas como não seguras, mas também existem ervas potencialmente seguras e os resultados dos ensaios clínicos sugerem a eficácia de algumas terapias à base de plantas para algumas doenças **(Hasani-Ranjbar et al.,**

2009).

Tendo em conta os pontos acima referidos, é evidente que muitas plantas tradicionais são utilizadas para o tratamento de doenças. Assim, este trabalho teve como objetivo apresentar a ciência atual sobre a eficácia e a segurança das plantas medicinais úteis na diabetes mellitus, obesidade, hiperlipidemia, hiperprolacrinemia e efeitos antioxidantes, revendo todos os estudos em seres humanos **(Hasani-Ranjbar et al., 2013).**

As plantas medicinais desempenham um papel importante na farmacologia e na medicina há muitos anos. Atualmente, estima-se que cerca de 80% da população mundial depende de preparações botânicas como medicamento para satisfazer as suas necessidades de saúde **(Ogbera et al., 2010).**

O café é uma das bebidas mais consumidas em todo o mundo. As duas fontes mais comuns de grãos de café são o conceituado *café arábica* e o *café canephora* (robusta). O consumo regular de café tem sido associado a muitos efeitos biológicos. É mais rico em compostos bioactivos. Possui actividades antioxidantes, anti-inflamatórias, anticancerígenas, antimicrobianas, hepatoprotectoras e hipoglicémicas **(Panza F et al., 2015).**

O café tem um forte poder dependente do seu poder de passar para o sistema nervoso central (SNC). **(Maia et al., 2013)**

O café aumenta fortemente os níveis de serotonina, dopamina e noradrenalina. Inibiu as enzimas monoamina oxidase em ratos, pelo que é utilizado em antidepressivos e na doença de Parkinson. (**Kaster et al., 2015)**

Além disso, o café desencadeia um mecanismo no cérebro que liberta um fator de crescimento chamado Fator Neurotrófico Derivado do Cérebro, que tem um papel central como

norepinefrina e induzir a lipólise através do aumento do AMPc, pelo que a cafeína é mediada pelo sistema nervoso simpático **(Arolchyk et al., 2009).**

Descobriu-se que a pimenta preta *Piper nigrum possui* uma série de propriedades terapêuticas na bronquite, constipação crónica, tosse, congestão, diarreia, prisão de ventre, cólicas hemorróidas, hepatite, artrite, dispepsia crónica, anorexia, asma crónica, ardor no coração, reumatoide, osteoartrite, asma juvenil, e aumenta a biodisponibilidade dos compostos activos **(Butt et al., 2013).** Além disso, tem uma influência benéfica na eficácia do metabolismo lipídico como antidiabéticos, efeitos anti-hepatotóxicos e antioxidantes **(Bai *et al.*, 2013).** A pimenta preta é a principal fonte de piperina (1-piperoil piperidina), que é responsável pelas suas propriedades terapêuticas **(Cho et al., 2015)**.

Além disso, a piperina também suprime o comportamento induzido pelo stress, aumentando a serotonina e os factores neurotrópicos derivados do cérebro. Aumentou os níveis de serotonina e de dopamina e inibiu as enzimas monoamina oxidase **(Mao et al., 2014).** Também a piperina tem uma elevada atividade imunomoduladora, antimutagénica e antitumoral e atividade antitumoral **(Ying et al., 2013; Do et al., 2013).**

A piperina também é utilizada como agonista da melanocortina-4 para reduzir a ingestão de alimentos **(Sharma et al., 2007).** Além disso, a piperina influencia o gasto energético ou a termogénese através de diferentes mecanismos. O aumento da piperina nas catecolaminas indica que a piperina ativa os nervos simpáticos e, assim, estimula a termogénese através do sistema nervoso simpático **(Meghwal *et al.*, 2012).**

Referências

Abduljawad, S.H. (2015). O efeito ameliorativo das sementes de feno-grego (Trigonella Foenum-graecum L.) em ratos albinos obesos. *Avanços em Biologia Ambiental*, 9(11): 26-32

Abo-Elmatty, D.M. e Zaitone, S.A. (2011). O topiramato induz a perda de peso e melhora a sensibilidade à insulina em ratos obesos com dieta: comparação com a sibutramina. European Review for Medical and Pharmacological Sciences, 15(10): 1187-1195

Acheson, KJ.; Gremaud, G. and Meirim, I. (2004) Metabolic effects of caffeine in humans: lipid oxidation or futile cycling?.Am J Clin Nutr., 79(1): 40-46.

Adeneye, AA. (2015). Efeitos de perda de peso, anti-hiperlipidémicos e cardioprotectores da fração alcaloide do extrato de sementes de Hunteria umbellata em ratos normais e hiperlipidémicos induzidos por triton. Jornal do Pacífico Asiático de Biomedicina Tropical 5(5):387-394

Adeneye, AA. e Crooks, PA. (2015). Perda de peso, efeitos anti-hiperlipidémicos e cardioprotectores da fração alcaloide do extrato de sementes de Hunteria umbellata em ratos hiperlipidémicos normais e induzidos por triton. Jornal do Pacífico Asiático de Biomedicina Tropical, 5(5): 387-394

Al-Ahdab, M.A..(2015). Efeito do óleo de gergelim, óleo de Nigella sativa L e suas misturas no perfil lipídico e nas enzimas hepáticas em ratos hipercolesterolêmicos.Journal of American Science,11(12):66- 73

Alicja E.(2009). Does Ingestion of RegularCoffee Influence Serum Lipid Profile in DialysisPatients?.Advances in Peritoneal Dialysis, 25:181-186

Alkemade, A. (1995).Thyroid hormone and the developing hypothalamus.*Front Neuroanat.* 9(15): 1-9.

Alsio, J.; Olszewski, PK.; Norback, AH.; Gunnarsson, ZEA.; Levine, AS.; Pickering, C e Schioth, HB. (2010). A expressão do gene do recetor Dopamina D1 diminui no núcleo accumbens após exposição prolongada a alimentos palatáveis e difere dependendo do fenótipo de obesidade induzida por dieta em ratos. Neuroscience, 171(3):779-787.

Amram, S.; Harnafi, H.; Bouanani, N.E.L; Aziz, M.; Caid, H.S.; Manfredini, S.; Besco, E.; Napolitano, M. e Bravo, E. (2006). Atividade hipolipidémica do extrato aquoso de ocimum basilicum na hiperlipidemia aguda induzida por triton WR-1339 em ratos e sua propriedade antioxidante. *Investigação em Fitoterapia*, 20(12):1040-1045

Antic, V.; Kiener-Belforti, F.; Tempini, A.; Van Vliet, BN. e Montani, JP.(2000). Papel do sistema nervoso simpático durante o desenvolvimento da hipertensão induzida pela obesidade em coelhos.*Am JHypertens,* 13(1): 556-559.

Antunes, LC.; Elkfury, JL.; Jornada, MN.; Foletto, KC. e Bertoluci, MC.(2016). Validação do HOMA-IR em um modelo de resistência à insulina induzida por dieta rica em gordura em ratos Wistar.*Arch EndocrinolMetab.*, 60 (2). 138-142

Assaife-Lopes, N.; Sousa, V.C.; Pereira, D.B.; Ribeiro, J.A.; Chao, M.V.;Sebastiao;A.M.(2010). A ativação de receptores A2A de adenosina induz a translocação de TrkB e aumenta a localização de fosfo-TrkB mediada por BDNF em jangadas lipídicas: implicações para a neuromodulação. J. Neurosci, 30, 8468-8480

Aziz, N.; Mehmood, MH.e Gilani, AH.(2013). Estudos sobre duas formulações poliherbais (ZPTO e ZTO) para comparação de suas atividades antidislipidêmicas, anti-hipertensivas e moduladoras endoteliais.*BMC Complement Altern Med.*,

13(371):1-9.

Aziz, N.; Mehmood, MH.e Gilani, AH.(2013). Estudos sobre duas formulações poliherbais (ZPTO e ZTO) para comparação de suas atividades antidislipidêmicas, anti-hipertensivas e moduladoras endoteliais.BMC Complement Altern Med.,13(371): 1-9

Aziz, N.; Mehmood, MH.; Siddiqi, H.S.; Mandukhail, S.R.; F Sadiq, F.; Maan, W. e Gilani, AH. (2009). Actividades anti-hipertensivas, antidislipidémicas e moduladoras do endotélio de Orchis mascula. *Hypertension Research*, 32, 997-1003

Bais, S.; Singh, G.S. e Sharma, R. (2014). Atividade antiobesidade e hipolipidêmica das folhas de Moringa oleifera contra a obesidade induzida por dieta rica em gordura em ratos. *Adv. Biol.,* 2014: 1-9.

Bais, s.; Singh, GS.; e Sharma, R.. (2014). Atividade antiobesidade e hipolipidêmica das folhas de Moringa oleifera contra a obesidade induzida por dieta rica em gordura em ratos. Avanços em Biologia, 2014:1-9. Artigo ID 162914

Batista, T.; Araujo de Batista, E.; Ying Kin, NM.; Beaulieu, S.; Walker, D.; Joober, R.; Lalonde, J. e Richard, D. (2002). Efeitos comparativos dos antipsicóticos sulpirida ou risperidona em ratos. I: peso corporal, ingestão de alimentos, composição corporal, hormonas e tolerância à glucose. *Brain Res.*, 6; 957(1):144-51.

Barnes, MJ.; Lapanowski, K.; Conley, A.; Rafols, JA.; Jen, KL. e Dunbar, JC.(2003). High fat feeding is associated with increased blood pressure, sympathetic nerve activity and hypothalamic mu opioid receptors. *Brain Res Bull,* 61(5): 511-519

Bartelt, A.; Bruns, OT.; Reimer, R.; Hohenberg, H.; Ittrich, H.; Peldschus, K.Kaul, MG.; Tromsdorf, UI.; Weller, H.; Waurisch, C.; Eychmuller, A.; Gordts, PL.; Rinninger, F.; Bruegelmann, K.; Freund, B.; Nielsen, P.; Merkel, M.; Heeren, J. (2011). A atividade do tecido adiposo marrom controla a depuração de triglicerídeos. *Nat Med.,* 17(2): 200 -205

Beeler, JA.; Frazier, CR. e Zhuang, X. (2012). Colocando o desejo em um orçamento: dopamina e gasto de energia, reconciliando recompensa e recursos. *Fronteiras em Neurociência Integrativa,* 6(49): 1-22

Bell, N H.; Epstein, S.; Greene, A.; Shary, J.; Oexmann, M J. e Shaw, S. (1985).Evidence for Alteration of the Vitamin D-Endocrine System in Obese Subjects./ *Clin Invest.* 76(1): 370373

Benzler, J.; Ganjam, GK.; Pretz, D.; Oelkrug, R.; Koch, CE.; Legler, K.; Stohr, S.; Culmsee, C.; Williams, LM. e Tups, A.(2015). A inibição central da sinalização IKKe / NF-κB atenua a obesidade induzida por dieta rica em gordura e a intolerância à glicose. *Diabetes,* 64(6):15-27.

Berton, O.; McClung, CA.; Dileone, RJ.; Krishnan, V.; Renthal, W.; Russo, SJ.; Graham, D.; Tsankova, NM.; Bolanos, CA.; Rios, M.; Monteggia, LM.; Self, DW. e Nestler,

EJ.(2006).Papel essencial do BDNF na via dopaminérgica mesolímbica no stress da derrota social.*Science,* 311(5762): 864-868.

Beyegue, C.F.N.; Ngangoum, R.M.C; Kuate, D.; Ngondi, JL.e Oben. J.E. (2012).Efeito dos extractos de guibourtia tessmannii nos lípidos sanguíneos e nos marcadores de stress oxidativo em ratos hiperlipidémicos induzidos por triton WR 1339 e dieta rica em gordura. *Biologia e Medicina,* 4 (1): 01-09

Beyegue, CEN; Ngangoum, RMC, Kuate, D; Ngondi, JL e Oben JE. (2012). Efeito dos extractos de Guibourtia tessmannii nos lípidos sanguíneos e nos marcadores de stress oxidativo em ratos hiperlipidémicos induzidos por triton WR 1339 e dieta rica em gordura. *Biologia e Medicina*, 4 (1): 01-09

BjOrndal, B.; Burri, L.; Staalesen, V.; Skorve, J.; e Berge, RK.(2011). Diferentes depósitos adiposos: O seu papel no desenvolvimento da síndrome metabólica e na resposta mitocondrial aos agentes hipolipidémicos. Jornal da Obesidade, 2011:1-15, Artigo ID 490650

Boden, G. (2011). Obesidade, resistência à insulina e ácidos gordos livres.Curr.Opin.Endocrinol. *Diabetes Obes.*, 18(2), 139-143.

Boekschoten,MV.; Schouten, EG. e Katan, MB. (2004).Os extractos de grãos de café ricos e pobres em Kahweol provocam ambos a elevação das enzimas hepáticas em voluntários saudáveis. Nutr J., 3(7):1-8

Bruce, C.; Yates, DH.; Thomas, PS...(2002). Caffeine decreases exhaled nitric oxide. Thorax;57(4):361-363.

Bumrungpert, A.; Kalpravidh, RW.; Chuang, CC.; Overman, A.; Martinez, K.; Kennedy, A.; McIntosh, M. (2010). As xantonas do mangostão inibem a inflamação em macrófagos humanos e em adipócitos humanos expostos a meios condicionados por macrófagos. *J Nutr.*, 140(4):842-7.

Camer, D.; Yu, Y.; Szabo, A.; Fernandez, F.; Dinh, CH. e Huang, XF. (2015). O metil de bardoxolona evita alterações induzidas por dieta rica em gordura nas moléculas de sinalização do córtex pré-frontal envolvidas na memória de reconhecimento. *Prog Neuropsychopharmacol Biol Psychiatry*, 3(59):68-75.

Capasso, R.; Izzo, AA.; Borrelli, F.; Russo, A.; Sautebin, L.; Pinto, A.; Capasso, F e Mascolo, N. (2002).Efeito da piperina, o ingrediente ativo da pimenta preta, na secreção intestinal em ratos.Life Sci.,71(19):2311-7.

Carlin, J.; Hill-Smith, TE.; Lucki, I. e Reyes, TM.(2013). Reversão da disfunção do sistema dopaminérgico em resposta à dieta rica em gordura. Obesidade (Silver Spring), 21(12): 2513-2521.

Celik, T.; Iyisoy, A. e Amasyali, B. (2014).The effects of coffee intake on coronary heart disease: ongoing controversy. Int J Cardiol. 144(1):118

Chatragadda, U.; Gindi, S. e Bowjanku, V..(2014). Avaliação da atividade anti-hiperlipedémica do extrato metanólico das folhas de Prunus persica.World Journal of Pharmacy and Pharmaceutical Sciences.3(8): 1915-1924.

Chen, PS.; Yang, YK.; Yeh, TL.; Lee, IH.; Yao, WJ.; Chiu, NT. e Lu, RB.(2008). Correlação entre o índice de massa corporal e a disponibilidade do transportador de dopamina no estriado em voluntários saudáveis - Um estudo SPECT. Neuroimage, 40(1):275-279.

Chioma, O.O; Victor, N.O e Emeka, G.A.(2014).Efeito do extrato de folhas de piper nigrum no perfil lipídico Estado em ratos diabéticos induzidos por aloxana. Revista Mundial de Ciências Aplicadas 32 (1): 3439

Choi, S.M.; Tucker, D.F.;Gross, D.N.;Easton, R.M.;DiPilato, L.M.;Dean, A.S.; Monks, B.R. e Birnbaum.M.J. (2010). A insulina regula a lipólise dos adipócitos através de uma via de sinalização independente de Akt. *Mol. Cell. Biol.*, 30(21):5009-5020.

Clifford, MN. (2000). Ácidos clorogénicos e outros cinamatos - natureza, ocorrência, carga alimentar, absorção e metabolismo. J. Sci. Food Agric. 80(7):1033-1043.

Cohen, H.; Kozlovsky, N.; Savion, N.; Matar, MA.; Loewenthal, U.; Loewenthal, N.;

Zohar, J. e Kaplan Z. (2009). Uma associação entre a perturbação do eixo hipotálamo-hipófise-adrenal induzida pelo stress e a perturbação do metabolismo da glicose num modelo animal de perturbação de stress pós-traumático. *Journal of Neuroendocrinology*, 21(11):898-909

Comings, DE.e Blum, K. (2000). Síndrome de deficiência de recompensa: aspectos genéticos das perturbações comportamentais. *Prog Brain Res.*, 126: 325-341

Cone, JJ.; Robbins, HA.; Roitman, JD. e Roitman, MF. (2010). O consumo de uma dieta rica em gordura afecta a libertação e recaptação fásica de dopamina no núcleo accumbens. Appetite, 54(3):640.

Contreras, C.; Gonzalez, F.; Fern0, J.; Dieguez, C.; Rahmouni, K.; Nogueiras, R. e Lopez, M. (2015). The brain and brown fat. Annals of Medicine, 47(2): 150-168

Cortez, M.; Carmo, LS.; Rogero, MM.; Borelli, P e Fock, RA.(2013). Uma dieta rica em gordura aumenta a produção de IL-1, IL-6 e TNF-a, aumentando o NF-κB e atenuando a expressão de PPAR-γ em células-tronco mesenquimais da medula óssea. *Inflammation,* 36(2):379-86.

Crane, JD.; Palanivel, R.; Mottillo, EP.; Bujak, AL.; Wang, H.; Ford, RJ.; Collins, A.; Blumer, RM.; Fullerton, MD.; Yabut, JM.; Kim, JJ.; Ghia, JE.; Hamza, SM.; Morrison, KM.; Schertzer, JD.; Dyck, JR.; Khan, WI. e Steinberg, GR.(2015). A inibição da síntese de serotonina periférica reduz a obesidade e a disfunção metabólica, promovendo a termogénese do tecido adiposo castanho. *Nat Med. Nature Medicine,* 21(2) 166-172

Czech,MP.; Tencerova, M.; Pedersen, DJ. eAouadi, M. (2013). Mecanismos de sinalização da insulina para armazenamento de triacilglicerol.*Diabetologia*, 56 (5): 949 -964.

Desai, A.J. e Miller, L.G.(2012).Sensibilidade dos receptores de colecistoquinina ao conteúdo de colesterol na membrana.*Front Endocrinol (Lausanne)*; 3(123): 1-10

Dhuley, JN.; Raman, PH.; Mujumdar, AM.e Naik, SR. (1993).Inibição da peroxidação lipídica pela piperina durante a inflamação experimental em ratos. Indian J Exp Biol, 31(5):443-5.

Ding, YS.; Singhal, T.; Planeta-Wilson, B.; Gallezot, JD.; Nabulsi, N.; Labaree, D.; Ropchan, J.; Henry, S.; Williams, W.; Carson, RE.; Neumeister, A. e Malison, RT...(2010). Imagem PET dos efeitos da idade e da cocaína no transportador de norepinefrina no cérebro humano usando (S, S) - [(11) C] O-metilreboxetina e HRRT. *Synapse,* 64(1): 30-38.

Dorresteijn, JA.; Visseren, FL. e Spiering, W. (2012).Mecanismos que ligam a obesidade à hipertensão.*Obes Rev.,* 13(1): 17-26

Doseyici, S,; Mehmetoglu, I.; Toker, A.; Yerlikaya, FH. e Erbay, E.(2014). Os efeitos da forskolina e do rolipram nos níveis de cAMP, cGMP e ácidos gordos livres na obesidade induzida por dieta. *Biotech Histochem*, 89(5):388-392

Dubern B. (2015).MC4R and MC3R Mutations.In M.L. Frelut (Ed.), The ECOG's eBook on Child and Adolescent Obesity.Retrieved from ebook.ecog-obesity.eu. Clinics & Complications: 1-12

Egawa, T.; Hamada, T.; Ma, X.; Karaike, K.; Kameda, N.; Masuda, S., Iwanaka, N. e Hayashi, T. (2011) Caffeine activates preferentially alpha1-isoform of 5'AMP-activated protein kinase in rat skeletal muscle. Ata Physiol. (Oxf.), 201(2):227-238.

Eikelis, N.; Lambert, G.; Wiesner, G.; Kaye, D.; Schlaich, M.; Morris, M.; Hastings, J.; Socratous, F. e Esler, M. (2004). Extra-adipocyte leptin release in human obesity and its relation to sympathoadrenal function. Am J Physiol Endocrinol Metab 286(5): 744 -752

Eikelis, N.; Schlaich, M.; Aggarwal, A.; Kaye, D. e Esler, M. (2003).Interacções entre a leptina e o sistema nervoso simpático humano. *Hypertension*, 41(5): 1072-1079

Elmaadawy, AA.; Saad, HH.; Al--Qahiz, NM,; e Ismail, MS...(2015). Impactos de diferentes preparações de café no peso corporal, ácido úrico sérico e enzimas hepáticas ratos inexperimentais.Merit Research Journal of Medicine and Medical Sciences 3(7) pp. 292-300

El-Wakf, A.M.; El-Sayed, M. e Mogalli, A. (2013): A curcumina atua como protetor cardiovascular viaImprovingLeptin e resistência à insulina em ratos machos obesos.J. Am. Sci., 9(3):397- 405.

Esler, M. and Eikelis, N.(2006).Is obstructive sleep apnea the cause of sympathetic nervous activation in human obesity? *J Appl Physiol,* 100(1): 11-12

Falck-Ytter, Y.; Younossi, Z.M.; Marchesini, G. e McCullough, A.J.(2001).Características clínicas e história natural das síndromes de esteatose não-alcoólica.Semin.*Liver Dis.*, 21(1), 17-26.

Fantidis, P. (2010). O papel do 3'5'-monofosfato de adenosina cíclico (cAMP) intracelular na aterosclerose.*Curr Vasc Pharmacol*, 8(4):464-72.

Fernandez, CD.; Bellentani, FF.; Fernandes, GS; Perobelli, JE.; Favareto, AP.; Nascimento, AF.; Cicogna, AC.; Kempinas, WD...(2011). A obesidade induzida por dieta em ratos leva a uma diminuição da motilidade espermática. Biologia Reprodutiva e Endocrinologia, 9:32:1-10

Fetissov, S.O.; Meguid, M.M.; Sato, T. and Zhang, L.H. (2002).Expression of dopaminergic receptors in the hypothalamus of lean and obese Zucker rats and food intake. *Am J Physiol Regul Integr Comp Physiol,* 283(4):905-910.

Fortuna,J.L. (2012). A epidemia de obesidade e a dependência alimentar: semelhanças clínicas com a dependência de drogas. Journal of Psychoactive Drugs, 44(1):56-63.

Frayn, K.N., e Humphreys, S.M.(2012). Características metabólicas do tecido adiposo abdominal subcutâneo humano após jejum noturno.*Am. J. Physiol. Endocrinol. Metab.,* 302(4):468- 475.

Fruhbeck, G.; Mendez-Gimenez, L.; Fernandez-Formoso, J-A.; Fernandez.S.; Rodriguez, A. (2014). Regulação da lipólise dos adipócitos.*Nutr Res Rev*., 27(1):63-93

Galaly, S.R.; Hozayen, W.G.; Amin, K.A. e Ramadan, S.M. (2014). Efeitos do Orlistat e do extrato de mistura de ervas no cérebro, funções dos testículos e biomarcadores de estresse oxidativo em um modelo de rato com dieta rica em gordura. *Revista universitária Benisuef de ciências básicas e aplicadas,* 3(2): 93-105

Gallezot, JD.; Weinzimmer, D.; Nabulsi, N.; Lin, SF.; Fowles, K.; Sandiego, C.; McCarthy, TJ.; Maguire, RP.; Carson, RE. e Ding, YS. (2011). Avaliação de [(11)C]MRB para avaliação da ocupação de transportadores de norepinefrina: Estudos com atomoxetina em primatas não humanos. *Neuroimage*, 56(1): 268-279

Geiger, B.M.; Behr, G.G.; Frank, L.E.; Caldera-Siu, A.D.; Beinfeld, M.C. e Kokkotou, E.G. (2008).Evidence for defective mesolimbic dopamine exocytosis in obesity-prone rats. FASEB J. 22(8):2740-2746.

Geller, F.; Reichwald, K.; Dempfle, A.; Illig, T.; Vollmert, C.; Herpertz, S.; Siffert, W.; Platzer, M.; Hess, C.; Gudermann, T.; Biebermann, H.; Wichmann, HE.; Schafer, H.; Hinney, A. e Hebebrand, J. (2004). A variante I103 do gene do recetor da melanocortina-4 está negativamente associada à obesidade. *Am J Hum Genet,* 74(3): 572-581.

Ghanshyam, P.; Chhayakanta, P.; Shankar, M.U.; Sujata, M.; Gourishyam, P. eKumar, A.A.(2012). Investigação do possível efeito hipoglicémico e hipolipidémico do extrato metanólico de Sesbania grandiflora.*Int Res JPharm.*,3(5):275-80

Ghanshyam, P.; Chhayakanta, P.; Shankar, MU.; Sujata, M.; Gourishyam, P. e Kumar, AA...(2012). Investigação do possível efeito hipoglicémico e hipolipidémico do extrato metanólico de Sesbania grandiflora. Int Res J Pharm., 3(5):275-80

Glade, MJ. (2010).Caffeine-Not just a stimulant.Nutrition, 26(10):932-8.

Gomes, RM.; Tofolo, LP.; Rinaldi, W.; Scomparin, DX.; Grassiolli, S.; Barella, LF.; de Oliveira, JC.; Branco, RC.; Agostinho, AR.; Ribeiro, TA.; Gravena, C. e Mathias, PC. (2013). O exercício moderado restaura a função das células beta pancreáticas e a atividade do sistema nervoso autónomo em ratos obesos induzidos por dieta rica em gordura. *Cell Physiol Biochem,* 32(2): 310-321.

Gotthardt, JD.; Verpeut, JL.; Yeomans, BL.; Yang, JA.; Yasrebi, A.; Roepke, TA. e Bello, NT. (2016). O jejum intermitente promove a perda de gordura com retenção de massa magra, aumento do conteúdo de norepinefrina hipotalâmica e aumento da expressão do gene do neuropeptídeo Y em camundongos machos obesos induzidos por dieta. *Endocrinology,* 157(2): 1-14

Govers, E.(2015). Obesidade e resistência à insulina são as questões centrais na prevenção e no cuidado das comorbidades. *Healthcare,* 3(2): 408-416

Grassi, G.; Seravalle, G.; Cattaneo, BM.; Bolla, GB.; Lanfranchi, A.; Colombo, M.; Giannattasio, C.; Brunani, A.; Cavagnini, F. e Mancia, G. (1995). Ativação simpática em indivíduos obesos normotensos.*Hypertension,* 25(4): 560-563

Gregor, M. F. e Hotamisligil, G. S. (2011). Mecanismos inflamatórios na obesidade.*Annu. Rev. Immunol.,* 29, 415-445.

Grillo,CA.; Piroli, GG.; Hendry, RM. e Reagan, LP. (2009). A translocação estimulada pela insulina do GLUT4 para a membrana plasmática no hipocampo de ratos é dependente da PI3-quinase. *Brain Res.,* 1296:35-45.

Grillo, M. A. e Colombatto, S. (2008): Produtos finais de glicação avançada (AGEs): envolvimento no envelhecimento e em doenças neurodegenerativas. Amino Acid., 35(1):29-36.

Gu, Y.; Yu, S. e Lambert, JD. (2014). O cacau dietético melhora a inflamação relacionada à obesidade em ratos alimentados com alto teor de gordura. *Eur J Nutr.,* 53(1):149-58.

Guri, A. J.; Hontecillas, R. e Bassaganya-Riera, J. (2010). O ácido abscísico sinergiza com a rosiglitazona para melhorar a tolerância à glicose e reduzir a acumulação de macrófagos no tecido adiposo: possível ação do eixo cAMP/PKA/PPAR Y. *Clinical Nutrition,* 29(5): 646653.

Hammar, N.; Andersson, T.; Alfredsson, L.; Reuterwall, C.; Nilsson, T.; Hallqvist, J.; Knutsson, A. e Ahlbom, A. (2003).Associação do café fervido e filtrado com a incidência do primeiro enfarte do miocárdio não fatal: os estudos SHEEP e VHEEP.J Intern Med., 253(6):653- 9.

Handayani, D.; Chen, J.; Meyer, BJ.e Huang, XF...(2011). O cogumelo Shiitake (Lentinus edodes) na dieta previne a deposição de gordura e reduz os triglicéridos em ratos alimentados com uma dieta rica em gordura. Journal of Obesity, 2011:1-8, Artigo ID 258051

Hanson, M. A.; Cherezov, V.; Griffith, M. T.; Roth, C. B.; Jaakola, V. P.;Chien, E. Y.; Velasquez, J.; Kuhn, P. e Stevens, RC... (2008). Um local específico de ligação ao colesterol é estabelecido pela estrutura 2.8 A do recetor beta2-adrenérgico humano. Estrutura 16, 897905.

Hasler, C.M. (2000), The changing face of functional foods. Journal of the American

College of Nutrition, 19(5): 499S-506S.

Hayley L. Loftus, Katie J. Astell, Michael L. Mathai e Xiao Q. Su.Loftus, HL.; Astell, KJ.; Mathai, ML. e Su XQ. (2015). A suplementação com extrato de Coleus forskohlii em conjunto com uma dieta hipocalórica reduz os fatores de risco da síndrome metabólica em indivíduos com sobrepeso e obesos: A Randomized Controlled Trial. Nutrientes, 7(11), 9508-9522

He,YH.; Zhang, HQ.; Teng, JH.; Huang, LN.; Li, Y. e Sun, CH. (2011). Envolvimento do recetor sensível ao cálcio na inibição da lipólise através das vias intracelulares de cAMP e cálcio em adipócitos humanos.*Comunicações de pesquisa bioquímica e biofísica*, 404(1):393-399.

Heisler, LK.; Pronchuk, N.; Nonogaki, K.; Zhou, L.; Raber, J.; Tung, L.; Yeo, GS.; O'Rahilly, S.; Colmers, WF.; Elmquist, JK. e Tecott LH. (2007). A serotonina ativa o eixo hipotálamo-hipófise-adrenal através da estimulação do recetor da serotonina 2C. *J. Neurosci.*, 27(26):6956-6964.

Hemlata, S.; Gaurang, B.; e Priyanshee, V. G (2013). Efeito do estigmasterol contra a dislipidemia induzida por dieta rica em gordura em ratos: Um estudo preliminar. Der. Pharmacia. Lettre, 5 (4):305-309.

Hinney, A.; Volckmar, A.L. e Knoll, N.(2013).O recetor da melanocortina-4 na homeostase energética e na patogénese da obesidade. *Prog Mol Biol Transl Sci.,* 114: 147-181.

Hohenadel, MG.; Thearle, MS.; Grice, BA.; Huang, H.; Dai, MH.; Tao, YX.; Hunter, LA.; Palaguachi, GI.; Mou, Z.; Kim, RC.; Tsang, MM.; Haack, K.; Voruganti, VS.; Cole, SA.; Butte, NF.; Comuzzie, AG.; Muller, YL.; Baier, LJ.; Krakoff, J.; Knowler, WC.; Yanovski, JA. e Han, JC. (2014). Fator neurotrófico derivado do cérebro em indivíduos humanos com variantes do recetor de melanocortina-4 que alteram a função. Int J Obes (Lond), 38(8): 1068-1074.

Huang, CC.; Tung, YT.; Huang, WC.; Chen, YM.; Hsu, YJ. e Hsu, MC. (2016). Efeitos benéficos do suplemento de cacau, café, chá verde e complexo de garcinia na obesidade induzida por dieta em ratos.*BMC Complement AlternMed.*, 16: 100: 1-10

Huang,XF.; Yu, Y.; Zavitsanou, K.; Han, M. e Storlien, L. (2005). Differential expression of dopamine D2 and D4 recetor and tyrosine hydroxylase mRNA in mice prone, or resistant, to chronic high-fat diet-induced obesity. Molecular Brain Research, 27;135(1-2):150-161.

Huang, XF.; Zavitsanou, K.; Huang, X.; Yu, Y.; Wang, H.; Chen, F.; Lawrence, AJ. e Deng, C. (2006). Densidades de ligação do transportador de dopamina e do recetor D2 em ratos propensos ou resistentes à obesidade crónica induzida por *uma* dieta rica em gordura. 175(2):415-419.

Humaira Jamshed e Anwar H. Gilani.Jamshed, H. e Gilani, AH.(2014).As amêndoas inibem a dislipidemia e a disfunção vascular em ratos através de múltiplas vias.*J. Nutr.,* 144(11):1768-74.

Hursel, R. e Westerterp-Plantenga, M S. (2010).Ingredientes termogénicos e regulação do peso corporal.International Journal of Obesity, 34(4):659-669

Ismail,T.A.; Soliman, M.M.; Nassan, M.A. e Mohamed, D.I..(2015). Efeitos anti-hipercolesterolémicos do cogumelo, crisina, curcumina e ómega-3 em ratos hipercolesterolémicos experimentais. *Jornal de Pesquisa em Alimentos e Nutrição,* 3(2), 77-87

Isogawa, A.; Noda, M.; Takahashi, Y.; Kadowaki, T. e Tsugane, S. (2003): Coffee consumption and risk oftype 2 diabetes mellitus. Lancet. 361:703-704.

Jabbour, G.; Lemoine-Morel, S.; Casazza, GA.; Hala, Y.; Moussa, E. e Zouhal, H. (2011).Catecholamine Response to Exercise inObese, Overweight, and Lean Adolescent Boys .*Medicine and science in sports and exercise,* 43(3):408-15

Jean, A,; Conductier, G.; Manrique, C.; Bouras, C.; Berta, P.; Hen, R.; Charnay, Y.; Bockaert, J. e Compan, V. (2007). A anorexia induzida pela ativação dos receptores 5-HT4 da serotonina é mediada por aumentos de CART no núcleo accumbens. *Proc Natl Acad Sci U S A.* 104(41):16335-16340.

Jee, H.; He, J.; Whelton, K.; Suh, I. e Klag, J (1999). O efeito do consumo crónico de café na pressão arterial: uma meta-análise de ensaios clínicos controlados. Hypertension 33(2):647-52.

Johnston, JL.; Romsos, DR. e Bergen, WG.(1986). Reduced Brain Norepinephrine Metabolism in Obese (ob/ob) Mice is Not Normalized by Tyrosine Supplementation. J. Nutr. 116(3): 435-445, 1986.

Kamal A Amin, Hamdy H Kamel e Mohamed A Abd Eltawab.**Amin, KA.; Kamel, HH. e Abd Eltawab, MA.** (2011). A relação da dieta rica em gordura, distúrbios metabólicos e disfunção oxidativa cerebral: modulação pelo ácido hidroxicítrico. *Lípidos na Saúde e na Doença,* 10(74): 1-11.

Karin, M. e Greten, FR. (2005) NF-[kappa]B: linking inflammation and immunity to cancer development and progression. *Nat Rev Immunol,* 5(10): 749-759

Kempf, K.; Herder, C.; Erlund, I.; Kolb, H.; Martin, S.; Carstensen, M.; Koenig, W.; Sundvall, J.; Bidel, S.; Kuha, S. e Jaakko, T.(2010) : Efeitos do consumo de café na inflamação subclínica e noutros factores de risco da diabetes tipo 2: um ensaio clínico. Am J Clin Nutr. 91(4):950-7.

Khan, A.H. (2007): Clinical significance of HbA1c as a marker of circulating lipids in male and female type 2 diabetic patients. Ata .Diabetol, 44(4):193-200.

Kim, HJ.; Kim, JH.; Noh, S.; Hur, HJ.; Sung, MJ.; Hwang, JT.; Park, JH.; Yang, HJ.; Kim, MS.; Kwon, DY. e Yoon, SH. (2011). Análise metabolómica de fígados e soro de ratos obesos induzidos por dieta rica em gordura. *J. Proteome Res.* 10(2):722-731

Kim, JH.e Choi, JH.(2013).Fisiopatologia e características clínicas da obesidade hipotalâmica em crianças e adolescentes. Ann Pediatr Endocrinol Metab, 18(4):161-167

Kim, KJ.; Lee, OH.; Han, CK.; Kim, YC. e Hong, HD...(2012). Extratos de polissacarídeos ácidos de rizomas de Gastrodia suprimem o índice de risco de aterosclerose através da inibição da composição do colesterol sérico em ratos Sprague Dawley alimentados com uma dieta rica em gordura. *Int. J. Mol. Sci.*, 13(2): 1620-1631

Kim, SW.; Hur, W.; Li, TZ.; Lee, YK.; Choi, JE.; Hong, SW.; Lyoo, KS.; You, CR.; Jung, ES.; Jung, CK.; Park, T3.; Um, SJ. e Yoon, SK.(2014). A oleuropeína previne a progressão da esteatohepatite para fibrose hepática induzida por uma dieta rica em gordura em ratos. *Exp Mol Med,* 46: 1-11.

Kimbrough, T. D. and Weekley, L. B. (1984).The effect of a high-fat diet on brainstem and duodenal serotonin (5-HT) metabolism in Sprague-Dawley and Osborne-Mendel rats.*Int. J. Obes,* 8:305-310.

Klatsky, AL.; Koplik, S.; Kipp, H. e Friedman, GD.(2008). The confounded relation of coffee drinking to coronary artery disease. Am J Cardiol, 101(6):825-827.

Koob, GF. e Le Moal, M. (2008). Addiction and the brain antireward system. Revista Anual de Psicologia, 59:29-53.

Kotsis, V.; Stabouli, S.; Papakatsika, S.; Rizos, Z. e Parati, G.(2010). Mecanismos da hipertensão induzida pela obesidade. *Hypertens. Res.*, 33(4), 386-393.

Kumar, A.; Pandey, A.K.; Singh, S.S.; Shanker, R. e Dhawan, A. (2011): Captação celular e potencial mutagénico de nanopartículas de óxido de metal em células bacterianas. Chemosphere 83(8): 1124-1132.

Kume, S.; Uzu, T.; Araki, S.; Sugimoto, T.; Isshiki, K.; Chin-Kanasaki, M.; et al. (2007): Role of altered renal lipid metabolism in the developmentof renal injury induced by a high-fat diet. *J. Am .Soc.* , 18(10):2715-2723.

Lambert, E.; Sari, CI.; Dawood, T.; Nguyen, J.; McGrane, M.; Eikelis, N.; Chopra, R.; Wong, C.; Chatzivlastou, K.; Head, G.; Straznicky, N.; Esler, M.; Schlaich, M. e Lambert, G. (2010). A atividade do sistema nervoso simpático está associada a lesões subclínicas de órgãos induzidas pela obesidade em adultos jovens. *Hypertension.*, 56(3): 351-358.

Lee, AK.; Mojtahed-Jaber i, M.; Kyriakou, T.; Astarloa, EA.; Arno, M.; Marshall, NJ.; Brain, SD. e O'Dell, SD. (2010). Effect of high-fat feeding on expression of genes controlling availability of dopamine in mouse hypothalamus. Nutrition, 26(4): 411-422.

Lee, JS.; Kim, KJ.; Kim, YH.; Kim, DB.; Shin, GH.; Cho, JH.; Kim, BK.; Lee, BY. e Lee, OH.(2014). O extrato de Codonopsis lanceolata previne a obesidade induzida por dieta em camundongos C57BL / 6. *Nutrientes,* 6 (11): 4663-4677

Lee, Z.S.; Critchley, J.A.; Tomlinson, B.; Young, R.P.; Thomas, G.N.; Cockram, C.S.; Chan, T.Y. e Chan, J.C.(2001). Inter-relações entre epinefrina e norepinefrina urinárias e obesidade, insulina e síndrome metabólica em chineses de Hong Kong.*Metabolism,* 50(2), 135143.

Levin, B. E. e Sullivan, A. C. (1987). Níveis de norepinefrina induzidos pela glicose e resistência à obesidade.*American Journal of Physiology,* 253(3): 475-481.

Li, B.; Lang, N. e Cheng, ZF. (2015). Os níveis séricos do fator neurotrófico derivado do cérebro estão associados ao risco de diabetes, complicações e obesidade: um estudo de coorte de pacientes chineses com diabetes tipo 2. *Molecular Neurobiology*. pp 1-8. Dio: 10.1007/s12035-015-9461- 2. PMID: 26454822

Li, CS.; Potenza, MN.; Lee, DE.; Planeta, B.; Gallezot, JD.; Labaree, D.; Henry, S.; Nabulsi, N.; Sinha, R.; Ding, YS.; Carson, RE. e Neumeister, A. (2014). Diminuição da disponibilidade do transportador de norepinefrina na obesidade: Imagem de tomografia por emissão de pósitrons com (S, S) - [11C] O-metilreboxetina. *NeuroImage.* 86; 306-310

Li, D. e Mehta, J.L. (2000): Antisense to LOX-1 inibe a regulação positiva mediada por LDL oxidada da proteína quimioatraente de monócitos-1 e a adesão de monócitos às células endoteliais da artéria coronária humana. *Circulation,* 101(25): 2889 - 2895.

Li, G.; Liu, JY.; Zhang, HX.; Li, Q. e Zhang, SW.(2015). O treinamento físico atenua a ativação simpática e o estresse oxidativo na obesidade induzida por dieta. *Physiol. Res.* 64(3): 355367

Li, G.; Ruan, L.; Chen, R.; Wang, R.; Xie, X.; Zhang, M.; Chen, L.; Yan, Q.; Reed, M.;

Chen, J.; Xu, Y.; Pan, J. e Huang, W. (2015). Efeito sinérgico semelhante ao antidepressivo do ácido ferúlico em combinação com a piperina: envolvimento do sistema monoaminérgico.Metab Brain Dis., 30 (6): 1505-14.

Li, S.; Wang, C.; Wang, M.; Li, W.; Matsumoto, K. e Tang, Y.(2007).Efeitos antidepressivos da piperina em ratos tratados com stress crónico ligeiro e os seus possíveis mecanismos.Life Sci., 80(15):1373-81.

McNamara, FN.; Randall, A. e Gunthorpe, MJ.(2005). Efeitos da piperina, o componente pungente da pimenta preta, no recetor vanilóide humano (TRPV1).Br J Pharmacol, 144(6):781-90.

McQuaid, SE.; Hodson, L.; Neville, MJ.; Dennis, AL.; Cheeseman, JA.; Humphreys, SM.; Ruge, T.; Gilbert, M.; Fielding, BA.; Frayn, KN. e Karpe, F. (2011). Down-regulation of adipose tissue fatty acid trafficking in obesity: a driver for ectopic fat deposition? Diabetes, 60(1): 47-55

Mehmetoglu, I.; Do^eyici, S.; Kurban, S. e Ta^yurek, E. (2015). Efeitos da forskolina e do rolipram nos níveis séricos de leptina, resistina e adiponectina na obesidade induzida por dieta em ratos Wistar. *Turkish Journal of Biochemistry - Turk Biyokimya Dergisi*, 40(3): 234-240

Meireles, M.; Rodriguez-Alcala, L.M.; Marques, C.; Norberto, S.; Freitas, J.; Fernandes, I.; Mateus, N.; Gomes, A.; Fariaa, A. e Calhau, C. (2016). Efeito do consumo crónico de extrato de amora-preta na obesidade induzida por alto teor de gordura em ratos e sua correlação com resultados metabólicos e cerebrais. *FoodFunct,* 7, 127-139

Melasch, J .; Rullmann, M.; Hilbert, A.; Luthardt, J.; Becker, GA.; Patt, M.; Villringer, A.; Arelin, K.; Meyer, PM.; Lobsien, D.; Ding, Y-S.; Muller, K.; Sabri, O.; Hesse, S. e Pleger, B. (2015). A rede de norepinefrina do nervo central liga uma sensação diminuída de bem-estar emocional a um aumento do peso corporal. *Revista Internacional de Obesidade* ,40(5):779-87

Meydani, M. e Hasan, ST. (2010).Dietary polyphenols and obesity. Nutrients, 2(7):737-51.

Mittal, R. e Gupta, RL.(2000). Atividade antioxidante in vitro da piperina. Métodos Find Exp Clin Pharmacol, 22: 271-274.

Mlinar, B.; Marc, J.; Janez, A. e Pfeifer, M. (2007): Mecanismos moleculares de resistência à insulina e doenças associadas. Clin.Chim.Ata. 375: 20-35.

Moon; J-K.; Yoo, HS.e Shibamoto, T. (2009). Papel das condições de torrefação no nível do teor de ácido clorogénico nos grãos de café: Correlação com a acidez do café. J. Agric. Food Chem., 57(12):5365-5369.

Mopuri, R.; Ganjayi, M.; Banavathy, KS.; Parim, BN. e Meriga. B..(2015). Avaliação das atividades anti-obesidade do extrato etanólico da casca de Terminalia paniculata em ratos obesos induzidos por dieta rica em gordura. BMC Complement Altern Med., 15: (76):1-11

Need, AC.; Ahmadi, KR.; Spector, TD. e Goldstein, DB. (2006). Obesity Is Associated with Genetic Variants That Alter Dopamine Availability (A obesidade está associada a variantes genéticas que alteram a disponibilidade de dopamina). Annals of Human Genetics, 70(3):293-303.

Nehlig, A. (2002) Pharmacological properties andneurophysiological effects of caffeine.Pharmacopsychoecologia, 15, 35-70.

Neve, KA.; Seamans, JK. e Trantham-Davidson H. (2004). Dopamine recetor signaling. J Recept Signal Transduct Res., 24(3):165-205.

Nicols, DE. eNicols, CD.(2008). Receptores de serotonina.*Chem Rev.*, 108: 1614-1641, 2008.

Oh, CM.; Namkung, J.; Go, Y.; Shong, KE.; Kim, K.; Kim, H.; Park, BY.; Lee, HW.; Jeon, YH.; Song, J.; Shong, M.; Yadav, VK.; Karsenty, G.; Kajimura, S.; Lee, IK.; Park, S. e Kim, H. (2015). Regulação da homeostase energética sistémica pela serotonina nos tecidos adiposos.*Nat Commun*, 6(6794): 1-12

Ohyama, K.; Nogusa, Y.; Suzuki, K.; Shinoda, K.; Kajimura, S. e Bannai, M. (2015). Uma combinação de exercício e suplementação de capsinóide suprime aditivamente a obesidade induzida por dieta, aumentando o gasto de energia em camundongos. Jornal Americano de Fisiologia. *Endocrinologia e Metabolismo,* 308(4): 315-323

Okumura, Y.; Narukawa, M.; Iwasaki, Y.; Ishikawa, A.; Matsuda, H.; Yoshikawa, M. e Watanabe, T. (2010).Ativação de TRPV1 e TRPA1 por componentes de pimenta preta.Biosci Biotechnol Biochem.,74(5):1068-72.

Orosco, M.; Rouch, C.; Meile, MJ.e Nicolaidis, S. (1995). Spontaneous feeding-related monoamine changes in rostromedial hypothalamus of the obese Zucker rat: a microdialysis study. *Physiol Behav*, 57(6): 1103-1106

Park, S.; Jang, J.S. e Hong, S.M. (2007). O consumo de cafeína a longo prazo melhora a homeostase da glicose, aumentando a ação insulinotrópica através da sinalização da insulina das ilhotas/fator de crescimento semelhante à insulina 1 em ratos diabéticos. Metabolismo clínico e experimental, 56(5): 599-607

Pedraza-Chaverri, J.; Cardenas-Rodriguez, N.; Orozco-Ibarra, M. e Perez-Rojas, JM.(2008). Propriedades medicinais do mangostão (Garcinia mangostana). *Food Chem Toxicol*, 46(10):3227-39.

Plum, L.; Belgardt, BF.e Bruning, JC.(2006) Central insulin action in energy and glucose homeostasis. *The Journal of clinical investigation*, 116(7):1761-1766.

Portoles, M. M.; Minana, A.; Jorda, S. e Grisolia, S. (1985). Alterações induzidas pela cafeína na composição do pool de aminoácidos livres do córtex cerebral. Neurochemical Res. 10(7): 887-895.

Prior, LJ.; Eikelis, N.; Armitage, JA.; Davern, PJ.; Burke, SL.; Montani, JP.; Barzel, B. e Head, GA. (2010). A exposição a uma dieta rica em gordura altera a sensibilidade à leptina e eleva a atividade nervosa simpática renal e a pressão arterial em coelhos. *Hypertension,* 55(4): 862868

Priya, F.; Velpandian, V.; Ayyasamy, S. e Pitchiahkumar, M. (2013). Atividade hipolipidêmica de Kadukkai Chooranam (Terminalia chebula) em ratos hiperlipidêmicos induzidos por Triton WR - 1339. IOSR Journal of Pharmacy and Biological Sciences, 5(5): 77-84

Puskas, L.G.; Nagy, Z.B.; Giricz, Z.; Onody, A.; Csonka, C.; Kitajka, K.; Hackler, L.; Zvara, A. e Ferdinandy, P.(2004). A hiperlipidemia induzida por dieta de colesterol influencia o padrão de expressão genética de corações de ratos: um estudo de microarray de DNA.*FEBSLett.*, 562(1-3): 99-104.

Raghu M.R.P., Jyothi Y. e Rabban S.I. (2015). Atividade anti-obesidade de Taraxacum officinale em ratos obesos induzidos por dieta rica em gordura. *Jornal de Pesquisa Química e Farmacêutica,* 7(4):244-248.

Rao, A.; Hu, H. e Nobre, AC. (2005).Os efeitos de bebidas combinadas de cafeína e glucose na atenção do cérebro humano. Nutritional Neuroscience, 8(3): 141-153.

Khaliq, S.; Haider, S.; Naqvi, F.; Perveen, T.; Saleem, S. e Haleem, DJ. (2012). A neurotransmissão serotoninérgica cerebral alterada após a retirada da cafeína produz déficits comportamentais em ratos.Pak J Pharm Sci., 25 (1): 21-5.

Rao, P.R.M.; Jyothi Y. e Rabban, S.I. (2015). Atividade anti-obesidade de Taraxacum officinale em ratos obesos induzidos por dieta rica em gordura. Jornal de Pesquisa Química e Farmacêutica, 7(4):244- 248

Rene, P.; Le Gouill, C.; Pogozheva, ID.; Lee, G.; Mosberg, HI.; Farooqi, IS.; Valenzano, KJ. e Bouvier, M.(2012). Chaperones farmacológicos restauram a função dos mutantes MC4R responsáveis pela obesidade grave de início precoce. JPET, 335(3): 520-532.

Reyes-Izquierdo,T.; Argumedo,R.; Shu, C.; Nemzer, B. e Pietrzkowski, Zb. (2013). Efeito estimulante do pó de concentrado de frutas de café integral nos níveis plasmáticos do fator neurotrófico derivado do cérebro total e exossomal em indivíduos saudáveis: Um estudo clínico agudo dentro do sujeito. Ciências da Alimentação e Nutrição, 4, 984-990

Rezq, A.A. e El-Khamisy, A.E.(2011).Efeito hipolipidémico e hipocolesterolémico do pinhão em ratos alimentados com uma dieta rica em gordura e colesterol. *Revista Mundial de Ciências Aplicadas*, 15 (12): 1667-1677

Rezq, A.A. and Fathy, N.M.(2010).Efeito do consumo regular de café fervido, filtrado ou turco e o seu impacto em alguns parâmetros bioquímicos relevantes para a aterogenicidade e as funções do rim e do fígado em modelo de rato. *Revista Europeia de Ciências,* 2(3): 46-54.

Rinaldi, W.; Gomes, RM.; Scomparin, DX.; Grassiolli, S.; Ribeiro, TA.; Fabricio, GS.; Barella, LF.; Pavanello, A.; Trombini, AB.; Mathias, PC. e de Oliveira, JC. (2014). O treinamento físico de baixa intensidade e moderado melhora a atividade do sistema nervoso autônomo desequilibrado pela superalimentação precoce pós-natal em ratos. *JInt Soc Sports Nutr.,* 11(25):1-9.

Rizvi, AA.; Nikolic, D.; Sallam, HS.; Montalto, G.; Rizzo, M.; Abate, N.. (2014). Adipocinas e lipoproteínas: Modulação por agentes anti-hiperglicêmicos e hipolipidêmicos. *Síndrome Metabólica e Distúrbios Relacionados*, 12(1): 1-10

Robinson, LE.; Savani, S.; Battram, DS.; McLaren, DH.; Sathasivam, P. e Graham, TE. (2004): Caffeine ingestion before andoralglucose tolerance testimpairs blood glucose management in men with type 2diabetes. J Nutr.,134(10):2528 -33.

Rodrigues, I. M., e Klein, L. C. (2006). Café fervido ou filtrado? Effect of coffee and caffeine on cholesterol,fibrinogen, and c-reactive protein. Toxicological, 25(1), 55-69.

Rodriguez de Sotillo, DV. e Hadley, M. (2002). O ácido clorogénico modifica as concentrações plasmáticas e hepáticas de: colesterol, triacilglicerol e minerais em ratos Zucker (fa/fa).*J Nutr Biochem.*, 13(12):717-726.

Rong, R.; Tao, YX.; Cheung, BM.; Xu, A.; Cheung, GC. e Lam, KS.(2006). Blackwell Publishing Ltd Identificação e caraterização funcional de três novas variantes do gene do recetor da melanocortina-4 humana numa população chinesa obesa. *Clinical Endocrinology*. 65(2): 198-205.

Roza, NA.; Possignolo, LF.; Palanch, AC. e Gontijo, JA.(2016). Efeito da ingestão prolongada de dieta rica em gordura na sensibilidade periférica à insulina, pressão arterial e função renal em ratos fêmeas. *Food Nutr Res.*, 60(28536):1-10.

Sadeek, EA.; Abd El;-Rahman, HA. e Ali, WS.(2010).The Effect of Green, Roasted and Decaffeinated Coffee on Serum Glucose, Insulin and Serum Lipid Profile in Diabetic Experimental Animals. Journal of American Science,6(12):433:441

Sahu A.(2011). Vias de sinalização intracelular da leptina nos neurónios hipotalâmicos: The emerging role of phosphatidylinositol-3 kinase-phosphodiesterase-3B-cAMP pathway. *Neuroendocrinol,* 93(4):201-210

Sahu, M.; Anamthathmakula, P. e Sahu, A. (2015).A via da fosfodiesterase-3B-cAMP da sinalização da leptina no hipotálamo é prejudicada durante o desenvolvimento da obesidade induzida por dieta em ratos FVB/N. *Journal of Neuroendocrinology,* 27(4): 293-302

Saikia, H.e Lama, A.(2011): Efeito das folhas de Bougainvillea spectabilis nos lípidos séricos em ratos albinos alimentados com dieta rica em gordura. *Jornal Internacional de Ciências Farmacêuticas e Pesquisa de Medicamentos*, 3(2): 141-145.

Scott, A., e RPh Pharmacy Creations.(2009).Beta-Adrenergic Receptors and Fat Loss. Am. J., 2009: 19-22.

Sebastiao, A.M. and Ribeiro, J.A.(2009).Receptores de adenosina e o sistema nervoso central.*Handb. Exp. Pharmacol.*, 193: 471-534

Shah,S.S.; Shah, GB.; Singh, SD.; Gohil, PV.; Chauhan, K.; Shah, KA.; e Chorawala, M. (2011).**Efeito** da piperina na regulação da dislipidemia induzida pela obesidade em ratos com dieta rica em gordura.Indian J Pharmacol., 43(3): 296-299.

Sharadi Y, Eldad A. (2000). A doença hepática gorda não alcoólica está associada a hiperlipidemia e obesidade. Am J Med.,109(2):171.

Sharma, G. e Mishra, B.(2007).Piperina - Um agente terapêutico e potenciador da bioavaliabilidade. J Pharm Res., 6:129-33.

Sharma, S. e Fulton, S. (2013). A obesidade induzida por dieta promove um comportamento semelhante à depressão que está associado a adaptações neurais nos circuitos de recompensa do cérebro. *Revista Internacional de Obesidade.* 37(3), 382-389; doi:10.1038/ijo.2012.48

Sharma, S.; Fernandes, MF.e Fulton, S. (2013). As adaptações nos circuitos de recompensa cerebral estão subjacentes aos desejos de alimentos palatáveis e à ansiedade induzida pela retirada da dieta rica em gordura. Int J Obes (Lond), 37(9):1183-1191.

Shearer, J.; Farah, A.; de Paulis, T.; Bracy, DP.; Pencek, RR.; Graham, TE. e Wasserman, DH.(2003) :Quinetos de café torrado aumentam a ação da insulina em ratos inconscientes. J Nutr..133(11):3529-3532.

Sheng, L.; Zhou, Y.; Chen, Z.; Ren, D.; Cho, KW.; Jiang, L.; Shen, H.; Sasaki, Y e Rui, L. (2012). A quinase indutora de NF-KB (NIK) promove hiperglicemia e intolerância à glicose na obesidade, aumentando a ação do glucagon. *Nat Med*,,18(6):943-9.

Sheyla, L.M.; Paula, H. De.; Maria, L.P.; Rinaldo, C.; Santos, E.; Deoclecio, L. e Marcelo, E.S.(2005). Modelos dietéticos para indução de hipercolesterolemia em ratos. Arquivos brasileiros de biologia e tecnologia, 48(2): 203-209.

Shi, D.; Nikodijevic, O.; Jacobson, KA.e Daly, JW. (1993). A cafeína crónica altera a densidade dos receptores de adenosina, adrenérgicos, colinérgicos, GABA e serotonina e dos canais de cálcio no cérebro do rato.Cell Mol Neurobiol.,13(3):247-61.

Silletta, MG.; Marsi, R.; Levantesi, G.; Boccanelli, A.; Chieffo, C.; Franzosi M, Geraci, E.; Maggioni, AP.; Nicolosi, G.; Schweiger, C.; Tavazzi, L.; Tognoni, G. e Marchioli, R.(2007). Coffee consumption and risk of cardiovascular events after acute myocardial infarction: results from the GISSI (Gruppo Italiano per lo Studio della Sopravvivenza nell'Infarto miocardico)-Prevenzione trial. Circulation.,116(25):2944-2951.

Song, SJ.; Choi, S. e Park, T. (2014). O extrato de grão de café verde descafeinado atenua a obesidade induzida por dieta e a resistência à insulina em ratos. Evid-Based Compl Alt., 2014: 1-14, Artigo ID 718379.

Speed, N.; Saunders, C.; Davis, AR.; Owens, WA.; Matthies, HJ.; Saadat, S.; Kennedy, JP.; Vaughan, RA.; Neve, RL.; Lindsley, CW.; Russo, SJ.; Daws, LC. Niswender,KD. e

Galli, A. (2011). A sinalização Akt estriatal prejudicada perturba a homeostase da dopamina e aumenta a alimentação. PLoS ONE, 6(9):1-10

Srikanth, J. e Muralidharan, P. (2009). Atividade anti-hiperlipidémica de Sapindus emarginatus em ratos albinos induzidos por Triton WR-1339. Research J Pharm Tech 2:319-323 (2009).

Stice, E.; Spoor, S.; Bohon, C. e Small, DM. (2008). A relação entre a obesidade e a resposta estriatal à comida é moderada pelo alelo TaqIA A1. Science, 322 (5900):449-452.

Stofkova, A.; Haluzik, M.; Zelezna, B.; Kiss, A.; Skurlova, M.; Lacinova, Z. e Jurcovicova,J.(2009). Expressões aumentadas de mRNA para neuropeptídeo Y e interleucina 1beta em núcleos arqueados hipotalâmicos durante anorexia induzida por artrite adjuvante em ratos Lewis. *NeuroImmunoModulation*, 16(6): 377-384

Suzuki, S.; Kiyosue, K.; Hazama, S.; Ogura, A.; Kashihara, M.; Hara, T.; Koshimizu, H. e Kojima, M.(2007).Brain-derived neurotrophic fator regulates cholesterol metabolism for synapse development. *J. Neurosci*, 27, 6417-6427

Tanigawa, T.; Kanazawa, S.; Ichibori, R.; Fujiwara, T.; Magome, T.; Shingaki, K.; Miyata, S.; Hata, Y.; Tomita, K,; Matsuda, K.; Kubo, T.; Tohyama, M.; Yano, K. e Hosokawa, K. (2014). (+) -Catequina protege os fibroblastos dérmicos contra a apoptose induzida pelo estresse oxidativo. BMC Complement Altern Med.,14(133):1-7

Taniguchi, CM.; Emanuelli, B. e Kahn, CR.(2006). Nós críticos nas vias de sinalização: Insights sobre a ação da insulina. *Nat Rev Mol Cell Biol,* 7(2): 85-96

Tao, YX. (2008).Ativação constitutiva de receptores acoplados a proteínas e doenças: perspectivas sobre mecanismos de ativação e terapêutica. *Pharmacol Ther.* 120:129-48.

Tentolouris, N.; Pavlatos, S.; Kokkinos, A.; Perrea, D.; Pagoni, S. e Katsilambros, N. (2008). Diet-induced thermogenesis and substrate oxidation are not different between lean and obese women after two different isocaloric meals, one rich in protein and one rich in fat. Metabolism, 57(3):313-320.

Thamer, S. J. (2014): O Efeito do Tratamento com Orlistat e Metformina no Peso Corporal, Esteatose Hepática, Leptina e Sensibilidade à Insulina em Ratos Obesos Alimentados com Dieta Rica em Gordura .Journal of American Science. 10(4):107-114.

Tianying, Wu.; Willett, W. C.; Hankinson, S. E. e Giovannucci, E.(2005):Café com cafeína, café descafeinado e cafeína em relação aos níveis plasmáticos de peptídeo C, um marcador de secreção de insulina, em mulheres americanas .Diabetes Care. 28 (6):1390-1396

Tofovic, S.P.; Salah, E.M.; Jackson, E.K. e Melhem, M.(2007). Lesão renal precoce induzida pelo consumo de cafeína em ratos obesos e diabéticos ZSF1. Renal Failure, 29(7): 891 - 902.

Trauner, M.; Claudel, T.; Fickert, P.; Moustafa, T. e Wagner, M. (2010).Os ácidos biliares como reguladores do metabolismo hepático dos lípidos e da glicose.*Dig. Dis.* 28(1): 220-224

Tsuchida, A.; Nonomura, T.; Ono-Kishino, M.; Nakagawa, T.; Taiji, M. e Noguchi, H. (2001). Efeitos agudos do fator neurotrófico derivado do cérebro no gasto de energia em ratos diabéticos obesos. *Int J Obes RelatMetab Disord*, 25(9):1286-1293.

Uto-Kondo, H.; Ayaori, M.; Ogura, M.; Nakaya, K.; Ito, M.; Suzuki, A.; Takiguchi, S.; Yakushiji, E.; Terao, Y.; Ozasa, H.; Hisada, T.; Sasaki, M.; Ohsuzu, F. e Ikewaki, K. (2010): O consumo de café aumenta o efluxo de colesterol mediado por lipoproteínas de alta densidade em macrófagos. Circ Res., 106(4):627-9.

Vallance, P. e Chan, N. (2001). Endothelialfunction and nitric oxide: Clinical relevance.*Heart.* 85(3): 342-350.

Van Dam, RM. (2008).Consumo de café e risco de diabetes tipo 2, doenças cardiovasculares e cancro.Appl Physiol Nutr Metab., 33(6):1269-83.
van Rooij, J.; van der Stegen, GH.; Schoemaker, RC.; Kroon, C.; Burggraaf, J.; Hollaar, L.; Vroon, TF.; Smelt, AH. e Cohen, AF. (1995). Um estudo paralelo controlado por placebo sobre o efeito de dois tipos de óleo de café nos lípidos e transaminases séricos: identificação das substâncias químicas envolvidas no efeito de aumento do colesterol do café.Am J Clin Nutr.;61(6):1277-83.
Vanattou-Saifoudine, N.; Behan, B. e Harkin, A. (2012). Respostas intracelulares mediadas pelo recetor de dopamina D1 no hipotálamo após a coadministração de cafeína com MDMA. Farmacologia Básica e Clínica e Toxicologia, 110(3), 283-289
Vanhoutte, PM. (2012). Obesidade e disfunção vascular: o fat e de ricos e pobres.*Br.J Pharmacol.,* 165(3): 541-543.
Vaz, M.; Jennings, G.; Turner, A.; Cox, H.; Lambert, G. e Esler, M. (1997).Regional sympathetic nervous activity and oxygen consumption in obese normotensive human subjects. Circulation, 96(10): 3423-3429.
Vijayakumar, R.S.; D. Surya, R.; Senthilurnar e N. Nalini,(2002). Hypolipidaemic effect of Black pepper(Piper nigrum Lin) in rats fed high fat diet. Journal of Clinical Biochemistry, 32: 31-42.
Vijayakumar, RS e Nalini, N.(2006).Eficácia da piperina, um constituinte alcaloide da Piper nigrum, no estado antioxidante dos eritrócitos em ratos hiperlipidémicos induzidos por uma dieta rica em gordura e por fármacos antitiroideus.Cell Biochem Funct. 2006;24(6):491-8.
Vijayakumar, RS. e Namasivayam, N. Lipid-lowering efficacy of piperine from Piper nigrum L. in high-fat diet and antithyroid drug-induced hypercholesterolemic rats. J Food Biochem. 2006;30:405-21.
Vijayakumar, RS.; Surya, D e Nalini, N.(2004).Eficácia antioxidante da pimenta preta (Piper nigrum L.) e da piperina em ratos com stress oxidativo induzido por uma dieta rica em gordura.Redox Rep., 9(2):105- 10.
Vitaglione, P.; Morisco, F.; Mazzone, G.; Amoruso, DC.; Ribecco, MT.; Romano, A.; Fogliano, V.; Caporaso, N. e D'Argenio, G.(2010). O café reduz a lesão hepática num modelo de esteato-hepatite em ratos: The Underlying Mechanisms and the Role of Polyphenols and Melanoidins (Os mecanismos subjacentes e o papel dos polifenóis e melanoidinas). HEPATOLOGIA, 52(5):1652-1661
Volkow, ND.; Wang, GJ.; Logan, J.; Alexoff, D.; Fowler, JS.; Thanos, PK.; Wong, C.; Casado, V.; Ferre, S. e Tomasi D. (2015). A cafeína aumenta a disponibilidade do recetor estriatal de dopamina D2 / D3 no cérebro humano.Transl Psychiatry, 5 (549): 1-6.
Vucetic, Z.; Carlin, JL.; Totoki, K. e Reyes, TM.(2012). Desregulação epigenética do sistema dopaminérgico na obesidade induzida por dieta.J Neurochem. 2012 Mar; 120(6): 891-898.
Wang, GJ.; Volkow, ND.; Logan, J.; Pappas, NR.; Wong, CT.; Zhu, W.; Netusil, N. e Fowler, JS.(2001). Brain dopamine and obesity. Lancet, 357 (9253): 354-357
Whittle, AJ.; L o pez, M. e Vidal-Puig, A.(2011). Usando o tecido adiposo marrom para tratar a obesidade - a questão central. *Trends Mol Med.,* 17(8): 405 - 411
Woo, M.N.; Bok, S.H.; Lee, M.K.; Kim, H.J.; Jeon, S.M.; Do, G.M.; Shin, S.K.; Ha, T.Y. e Choi , M.S. (2008). Efeitos hipolipidémicos anti-obesidade de uma combinação de fibras de ervas patenteada (S&S PWH) em ratos alimentados com dietas ricas em gordura. J. Med. Food. 11(1):169-178.

Xie, C.; Turley, D. S. e Dietschy, M. J. (1999).A acumulação de colesterol nos tecidos do ratinho Niemann-Pick tipo C é determinada pela taxa de absorção de colesterol pelas lipoproteínas através da via do coated-pit em cada órgão.*Natur. Acad. Scien.* 96(21): 11992-11997.

Yamaguchi, K.; Ura, N.; Murakami, H.; Togashi, N.; Hyakukoku, M.; Higashiura, K. e Shimamoto, K. (2005). Olmesartan Ameliorates Insulin Sensitivity by Modulating Tumor Necrosis Fator-a and Cyclic AMP in Skeletal Muscle. *Hypertension Research*, 28: 773-778

Yamashita, H.; Takenoshita, M.; Sakurai, M.; Bruick, RK.; Henzel, WJ.; Shillinglaw, W.; Arnot, D. e Uyeda, K.(2001). Um fator de transcrição sensível à glicose que regula o metabolismo dos hidratos de carbono no fígado. Proc Natl Acad Sci USA, 98(16): 9116-21.

Yang, Z.J. and Meguid M.M. (1995).LHA dopaminergic activity in obese and lean Zucker rats. *Neuroreport*, 6(8):1191-1194.

Yoon, YC.; Kim, S.; Kim, MJ.; Yang, HJ.; Rhyu, M. e Park, J. (2015). A piperina, um componente da pimenta preta, diminui os níveis de cAMP e cálcio induzidos pelo eugenol em células 3T3-L1 não quimiossensoriais. FEBS Open Bio, 5:20-25.

Zhao, GJ; Yin, K; Fu, YC.e Tang, CK. (2012). A interação de ApoA-I e ABCA1 desencadeia vias de transdução de sinal para mediar o efluxo de lipídios celulares. *Mol Med*, 18:149-158.

Adeneye, AA. e Crooks, PA. (2015). Efeitos de perda de peso, anti-hiperlipidémicos e cardioprotectores da fração alcaloide do extrato de sementes de Hunteriaumbellata em ratos hiperlipidémicos normais e induzidos por triton. Jornal do Pacífico Asiático de Biomedicina Tropical, 5(5): 387-394

Ahmed, HA.; Salem, MH.; Sabry, GM.; Husein, HA. eKotob, SE. (2015). Novos insights no horizonte para o tratamento da doença de Alzheimer: Uma proposta baseada em estudo experimental. *Der Pharmacia Lettre*, 7 (2):165-182

Al-Ahdab, M.A. (2015). Efeito do óleo de gergelim, óleo de Nigella sativa L e suas misturas no perfil lipídico e nas enzimas hepáticas em ratos hipercolesterolêmicos. Jornal de Ciência Americana,11(12):66-73

Aziz, N.; Mehmood, MH.andGilani, AH.(2013). Estudos sobre duas formulações poliherbais (ZPTO e ZTO) para comparação de suas atividades antidislipidêmicas, anti-hipertensivas e moduladoras endoteliais.*BMC Complement Altern Med.,* 13(371): 1-9

Aziz, N.; Mehmood, MH.;Siddiqi, H.S.; Mandukhail, S.R.; F Sadiq, F.; Maan, W. e Gilani, AH. (2009). Actividades anti-hipertensivas, antidislipidémicas e moduladoras do endotélio de Orchismascula.*Hypertension Research*, 32, 997-1003

Bai, X.; Zhang, W.; Chen, W.; Zong, W.; Guo, Z. e Liu, X. (2011).Efeitos anti-hepatotóxicos e antioxidantes de extractos da raiz de Piper nigrum L.. *Afr J Biotechol,* 10(2):267-272.

Benzler, J.; Ganjam, GK.; Pretz, D.; Oelkrug, R.; Koch, CE.; Legler, K.; Stohr, S.; Culmsee, C.; Williams, LM. eTups, A. (2015). Inibição central de IKKe / NF-κB

atenua a obesidade e a intolerância à glucose induzidas por uma dieta rica em gorduras. *Diabetes,* 64(6):15-27.

Buccolo, G. (1973). Determinação quantitativa dos triglicéridos séricos através da utilização de enzimas.*Clin.Chem .,* 19 (5): 476-482.

Carlin, J.; Hill-Smith, TE.;Lucki, I. e Reyes, TM.(2013). Reversão da disfunção do sistema dopaminérgico em resposta à dieta rica em gordura.*Obesidade (Silver Spring)*, 21(12): 2513-2521.

Chioma, O.O; Victor, N.O e Emeka, G.A. (2014). Efeito do extrato de folhas de piper nigrum no perfil lipídico Estado em ratos diabéticos induzidos por aloxana. *Revista Mundial de Ciências Aplicadas,* 32 (1): 34-39

Clifford, MN. (2000).Ácidos clorogénicos e outros cinamatos - natureza, ocorrência, carga alimentar, absorção e metabolismo. J. Sci. Food Agric. 80(7):1033-1043.

Cortez, M.; Carmo, LS.;Rogero, MM.; Borelli, P e Fock, RA. (2013). Uma dieta rica em gordura aumenta a produção de IL-1, IL-6 e TNF-a, aumentando o NF-κB e atenuando a expressão de PPAR-γ em células-tronco mesenquimais da medula óssea. *Inflammation,* 36(2):379-86.

Do, MT.; Kim, HG.; Choi, JH.; Khanal, T.; Park, BH.; Tran, TP.; Jeong, TC. eJeong, HG. (2013). Eficácia antitumoral da piperina no tratamento de células humanas de câncer de mama com superexpressão de HER2. *Food Chem,* 141(3):2591-9. doi: 10.1016/j.foodchem.2013.04.125.

Drury, R.A.B e Wallington, E.A. (1980).Carleton's Histological Technique- 4th ed- Oxford, Oxford University press.

Dubern B. (2015).MC4R and MC3R Mutations.In M.L. Frelut (Ed.), The ECOG's eBook on Child and Adolescent Obesity.Retrieved from ebook ecog-obesity.eu. Clinics & Complications: 1-12

Ebbert, JO. e Jensen, MD. (2013). Depósitos de gordura, ácidos graxos livres e dislipidemia. Nutrientes, 5(2): 498-508. doi:10.3390/nu5020498

Egawa, T.; Hamada, T.; Ma, X.; Karaike, K.; Kameda, N.; Masuda, S., Iwanaka, N. e Hayashi, T. (2011) Caffeine activates preferentially alphal-isoform of 5'AMP-activated protein kinase in rat skeletal muscle. *Ata Physiol. (Oxf.),* 201(2): 227-238.

Fabiny, D.L. e Ertinghausen, G. (1971). Método automatizado de taxa de reação para a determinação da creatinina sérica com a Centrifuge.*Clin Chem.*, 17(8): 696-700.

Friedewald , W.T.; Levy, R.I. e Fredrickson, D.S. (1972). Estimativa da concentração de colesterol de lipoproteínas de baixa densidade no plasma, sem utilização da *ultracentrífuga* preparativa. *Chem.,* 18(6):499-502.

Galaly, S.R.; Hozayen, W.G.; Amin, K.A. e Ramadan, S.M. (2014). Efeitos do Orlistat e do extrato de mistura de ervas no cérebro, funções dos testículos e biomarcadores de estresse oxidativo em um modelo de rato com dieta rica em gordura. *Revista universitária Benisuef de ciências básicas e aplicadas,* 3(2): 93-105

Gotthardt, JD.; Verpeut, JL.; Yeomans, BL.; Yang, JA.; Yasrebi, A.; Roepke, TA. e Bello, NT. (2016). O jejum intermitente promove a perda de gordura com retenção de massa magra, aumento do conteúdo de norepinefrina hipotalâmica e aumento da expressão do gene do neuropeptídeo Y em camundongos machos obesos induzidos por dieta. *Endocrinologia,* 157(2):1-14

Gregor, M. F. and Hotamisligil, G. S. (2011). Inflammatory mechanisms in obesity. *Annu. Rev. Immunol,* 29, 415-445.

Gupta, S. e Kaushik, M. (2010). Efeitos histomorfológicos e hipolipidémicos da planta inteira de GymenmaSylvestre em modelo de rato obeso induzido por dieta de cafetaria. Jornal de Ciências Farmacêuticas e Biomédicas, 2(2):1-9

Guri, A. J.; Hontecillas, R. and Bassaganya-Riera, J. (2010).Abscisic acid synergizes with rosiglitazone to improve glucose tolerance and down-modulate macrophage accumulation in adipose tissue: possible action of the cAMP/PKA/PPAR Y axis. *Clinical Nutrition,* 29(5): 646-653.

Guyenet, SJ. e Schwartz, MW. (2012). Revisão clínica: Regulação da ingestão alimentar, balanço energético e massa gorda corporal: implicações para a patogénese e tratamento da obesidade. *J. Clin. Endocrinol.Metab.*, 97(3): 745-755. doi: 10.1210/jc.2011-2525

Hasani-Ranjbar, S. e Larijani, B. (2014). Plantas Medicinais como Potenciais Novas Drogas Alvo em Distúrbios Endócrinos - Artigo de Revisão. *Iranian JPublHealth,* 43(1): 24-34.

Hasani-Ranjbar, S.; Jouyandeh, Z. e Abdollahi, M. (2013). Uma revisão sistemática das plantas medicinais antiobesidade - uma atualização. *J Diabetes MetabDisord,* 12(1):28-38

Hinney, A.; Volckmar, A.L. e Knoll, N.(2013). Melanocortin-4 recetor in energy homeostasis and obesity pathogenesis. *ProgMolBiolTransl Sci.,* 114: 147-181.

Huang, CC.; Tung, YT.; Huang, WC.; Chen, YM.; Hsu, YJ. e Hsu, MC. (2016). Efeitos benéficos do suplemento de cacau, café, chá verde e complexo de garcinia na obesidade induzida por dieta em ratos. *BMC Complement Altern Med.*, 16: 100:1-10

Ismail, T.A.; Soliman, M.M.; Nassan, M.A. e Mohamed, D.I..(2015). Efeitos anti-hipercolesterolémicos do cogumelo, crisina, curcumina e ómega-3 em ratos hipercolesterolémicos experimentais. *Jornal de Pesquisa em Alimentos e Nutrição,* 3(2), 77-87

Jabbour, G.; Lemoine-Morel, S.; Casazza, GA.; Hala, Y.; Moussa, E. e Zouhal, H. (2011). Catecholamine Response to Exercise in Obese, Overweight, and Lean Adolescent Boys .*Medicina e ciência no desporto e exercício,* 43(3):408-15

Jean, A,; Conductier, G.; Manrique, C.; Bouras, C.; Berta, P.; Hen, R.; Charnay, Y.; Bockaert, J. e Compan, V. (2007). A anorexia induzida pela ativação dos receptores 5-HT4 da serotonina é mediada por aumentos de CART no núcleo accumbens. *ProcNatlAcadSci US A.,* 104(41):16335-16340.

Johnston, JL.; Romsos, DR. e Bergen, WG. (1986). Reduced Brain Norepinephrine Metabolism in Obese (ob/ob) Mice is Not Normalized by Tyrosine Supplementation. *J. Nutr.,* 116(3): 435-445, 1986.

Kaplan, A. (1984): Urea. In: Kaplan LA, Pesce AJ, editores. Clinical chemistry: theory, analysis and correlation. St. Louis, Miss: Mosby, pp.1257-1260.

Katz, A.; Nambi, SS.; Mather, K.; Baron, AD.; Follmann, DA.; Sullivan, G. e Quon, MJ.(2000) Quantitative insulin sensitivity check index: a simple, accurate method for assessing insulin sensitivity in humans. J ClinEndocrinolMetab. 85(7):2402-10.

Kempf, K.; Herder, C.; Erlund, I.; Kolb, H.; Martin, S.; Carstensen, M.; Koenig, W.; Sundvall, J.; Bidel, S.; Kuha, S. e Jaakko, T. (2010). Efeitos do consumo de café na inflamação subclínica e noutros factores de risco da diabetes tipo 2: um ensaio clínico. *Am J ClinNutr.*, 91(4):950-7.

Kim, JH. e Choi, JH.(2013). Fisiopatologia e características clínicas da obesidade hipotalâmica em crianças e adolescentes.*Ann PediatrEndocrinolMetab.*,

18(4):161- 167
Langeberg, LK. e Scott, JD. (2015). Andaimes de sinalização e organização local do comportamento celular. *Nat. Rev. Mol. Cell Biol.,* 16(4): 232-244. doi: 10.1038/nrm3966
Laurent, AC.; Breckler, M.; Berthouze, M. e Lezoualc'h, F. (2012).Role of Epac in brain and heart.*Biochemical Society transactions*, 40(1):51-57. doi: 10.1042/BST20110642
Leonie, K.; Heilbronn, PM. e Clifton, F. (2002). Proteína C-reactiva e doença arterial coronária: influência da obesidade, restrição calórica e perda de peso. *J NutrBiochem,* 13(6):316- 321.
Levine, S. and Saltzman, A. (2007).A procedure for inducing sustained hyperlipemia in rats by administration of a surfactant. *J PharmacolToxicol Methods*, 55(2):224-6.
Li, B.; Lang, N. e Cheng, ZF.(2015a). Os níveis séricos do fator neurotrófico derivado do cérebro estão associados ao risco de diabetes, complicações e obesidade: um estudo de coorte de pacientes chineses com diabetes tipo 2.*Molecular Neurobiology.*,2015: 1-8. Dio: 10.1007/s12035-015-9461-2. PMID: 26454822
Li, G.; Ruan, L.; Chen, R.; Wang, R.; Xie, X.; Zhang, M.; Chen, L.; Yan, Q.; Reed, M.; Chen, J.; Xu, Y.; Pan, J. e Huang, W. (2015). Efeito sinérgico semelhante ao antidepressivo do ácido ferúlico em combinação com a piperina: envolvimento do sistema monoaminérgico.*Metab Brain Dis.,* 30 (6): 1505-14. doi: 10.1007 / s11011-015-9704-y.
Mahdy, K.; Shaker, O.; Wafay, H.; Nassar, Y.; Hassan, H. e Hussein, A. (2012). Efeito de alguns extractos de plantas medicinais no estado de stress oxidativo na doença de Alzheimer induzida em ratos. *European Review for Medical and Pharmacological Sciences,* 16(13): 31-42.
Manmontri, B.; Sariahmetoglu, M.; Donkor, J.; Bou Khalil, M.; Sundaram, M.; Yao, Z.; Reue, K.; Lehner, R. e Brindley, DN. (2008). Os glucocorticóides e o AMP cíclico aumentam seletivamente a expressão da lipina-1 hepática e a insulina actua de forma antagónica. *J Lipid Res.,* 49(5):1056-67. doi: 10.1194/jlr.M800013-JLR200.
Manna, F.; Ahmed, HH.; Estefan, SF.; Sharaf, HA. eEskander, EF. (2005). Saccharomyces cerevisiaeintervenção para aliviar a hepatotoxicidade induzida por flutamida em ratos machos.*Pharmazie, 60, 689-695.*
Matthews, DR.; Hosker, JP.; Rudenski, AS.; Naylor, BA.; Treacher, DF. e Turner, RC. (1985). Avaliação do modelo de homeostase: resistência à insulina e função das células beta a partir das concentrações de glicose e insulina no plasma em jejum no homem. *Diabetologia,* 28 (7): 412-9
McDaniel, FK.; Molden, BM.; Mohammad, S.; Baldini, G.; McPike, L.; Narducci, P.; Granell, S. e Baldini, G. (2012). A endocitose constitutiva dependente de colesterol do recetor de melanocortina-4 (MC4R) é essencial para manter a capacidade de resposta do recetor ao hormônio estimulador de a-melanócitos (a-MSH). *J Biol Chem,* 287(26):21873-21890.
McQuaid, SE.; Hodson, L.; Neville, MJ.; Dennis, AL.; Cheeseman, JA.; Humphreys, SM.; Ruge, T.; Gilbert, M.; Fielding, BA.; Frayn, KN. e Karpe, F. (2011). Downregulation of adipose tissue fatty acid trafficking in obesity: a driver for ectopic fat deposition?.*Diabetes,* 60(1): 47-55

Meiattini, F. (1978): O sistema cromogénico 4-hidroxibenzoato/4-aminofenazona. *Clin, Chem .,* 24 (12): 2161-2165.

Meireles, M.; Rodriguez-Alcala, L.M.; Marques, C.; Norberto, S.; Freitas, J.; Fernandes, I.; Mateus, N.; Gomes, A.; Fariaa, A. e Calhau, C. (2016). Efeito do consumo crônico de extrato de amora na obesidade induzida por alto teor de gordura em ratos e sua correlação com resultados metabólicos e cerebrais. *FoodFunct.,* 7: 127-139

Mishra, R.; Pandit, K.; Bhawat A.M. e Brijesh S. (2014). Atividade anti-hiperlipidémica de extractos alcoólicos de TrichosanthesAnguina em ratos hiperlipidémicos induzidos por Triton Wr 1339. *IJPSR,* 2014; 5(10): 4269-4274.

Nahak, G. e Sahu, R.K. (2011). Avaliação fitoquímica e atividade antioxidante de Piper cubeba e Piper nigrum. *Jornal de Ciências Farmacêuticas Aplicadas,* 1(8); 153-157

Ohyama, K.; Nogusa, Y.; Suzuki, K.; Shinoda, K.; Kajimura, S. e Bannai, M. (2015). Uma combinação de exercício e suplementação de capsinóide suprime aditivamente a obesidade induzida por dieta, aumentando o gasto de energia em camundongos. Jornal Americano de Fisiologia. *Endocrinologia e Metabolismo,* 308(4): 315-323

Panza, F.; Solfrizzi, V.; Barulli, MR.; Bonfiglio, C.; Guerra, V.;Osella, A.; Seripa, D.; Sabba, C.; Pilotto, A. e Logroscino, G. (2015). Consumo de café, chá e cafeína e prevenção de declínio cognitivo tardio e demência: uma revisão sistemática. *J Nutr Health Aging,* 19(3):313-328. doi: 10.1007/s12603-014-0563-8.

Rasheed, M.; Afshan, F.; Tariq, RM.; Siddiqui, BS; Gulzar, T.; Mahmood, A.; Begum, S. e Khan, B. (2005). Estudos fitoquímicos sobre o extrato de sementes de *Piper nigrum* linn. *Nat Product Res.,* 19(7):703-12.

Reitman, S. e Frankel, S. (1957).Um método colorimétrico para a determinação das transaminases séricas de ácido glutâmico oxaloacético e glutâmico *pirúvicoAm JClinPathol.,* 28(1):56-63.

Reyes-Izquierdo, T.; Argumedo, R.; Shu, C.; Nemzer, B. e Pietrzkowski, Zb. (2013). Efeito estimulante do pó de concentrado de frutas de café inteiro nos níveis plasmáticos de total e

Fator neurotrófico derivado do cérebro exosomal em indivíduos saudáveis: An Acute Within-Subject Clinical Study. Ciências da Alimentação e Nutrição, 4, 984-990

Rezq, A.A. e Fathy, N.M. (2010).Efeito do consumo regular de café fervido, filtrado ou turco e o seu impacto em alguns parâmetros bioquímicos relevantes para a aterogenicidade e as funções do rim e do fígado em modelo de rato. *Revista Europeia de Ciências,* 2(3): 46-54.

Sahu A. (2011). Vias de sinalização intracelular da leptina em neurónios hipotalâmicos: The emerging role of phosphatidylinositol-3 kinase-phosphodiesterase-3B-cAMP pathway. *Neuroendocrinol,* 93(4):201-210

Sahu, M.; Anamthathmakula, P. e Sahu, A. (2015). Phosphodiesterase-3B-cAMP Pathway of LeptinSignalling in the Hypothalamus is Impaired During the Development of Diet-Induced Obesity in FVB/N Mice. *Journal of Neuroendocrinology,* 27(4): 293-302

Scott, A. (2009). Receptores Beta-Adrenérgicos e Perda de Gordura.*Am. J.,* 2009: 19-22.

Sharma, G. e Mishra, B. (2007).Piperina - Um agente terapêutico e potenciador da bioavaliabilidade.*JPharm Res.*, 6:129-33.
Singh, S.; Jamwal, S. e Kumar, P. (2015). A piperina aumenta o efeito protetor da curcumina contra a neurotoxicidade induzida pelo 3-NP: Possível mecanismo de modulação de neurotransmissores. *Neurochem Res.*, 40(8):1758-66. doi: 10.1007/s11064-015-1658-2.
Tianying, Wu.; Willett, W. C.; Hankinson, S. E. e Giovannucci, E. (2005). Café com cafeína, café descafeinado e cafeína em relação aos níveis plasmáticos de peptídeo C, um marcador de secreção de insulina, em mulheres americanas.*Diabetes Care.* 28 (6):1390-1396
Trinder, P. (1969). Determinação da glicose no sangue utilizando um sistema de oxidaseperoxidase com um cromogénio não cancerígeno.*J. Clin. Path., 22, (2):* 158-161.
Vanattou-Saifoudine, N.; Behan, B. e Harkin, A. (2012). Respostas intracelulares mediadas pelo recetor de dopamina D1 no hipotálamo após a coadministração de cafeína com MDMA. Farmacologia Básica e Clínica e Toxicologia, 110(3), 283-289
Vitaglione, P.; Morisco, F.; Mazzone, G.; Amoruso, DC.; Ribecco, MT.; Romano, A.; Fogliano, V.; Caporaso, N. e D'Argenio, G. (2010). O café reduz a lesão hepática num modelo de esteato-hepatite em ratos: The Underlying Mechanisms and the Role of Polyphenols and Melanoidins (Os mecanismos subjacentes e o papel dos polifenóis e melanoidinas). *HEPATOLOGIA,* 52(5):1652-1661
Vucetic, Z.; Carlin, JL.; Totoki, K. e Reyes, TM.(2012). Desregulação epigenética do sistema dopaminérgico na obesidade induzida por dieta. *J Neurochem.*, 120(6): 891-898.
Xia, T.; Cheng, Y.; Zhang, Q.; Xiao, F.; Liu, B.; Chen, S. e Guo, F. (2012).S6K1 in the Central Nervous System Regulates Energy Expenditure via MC4R/CRH Pathways in Response to Deprivation of an Essential Amino Acid. *Diabetes,* 61(10): 2461-2471.
Yalow, R. e Bauman, WA.(1983). Insulin in health and disease, In: Diabetes Mellitus: Theory and Practice. (Eds.): M. Ellenberg e H.Rifkin. ExcerptaMedica, Nova Iorque, pp. 119-150.
Yan, J.; Mei, FC.; Cheng, H.; Lao, DH.; Hu, Y.; Wei, J.; Patrikeev, I.; Hao, D.; Stutz, SJ.; Dineley, KT.; Motamedi, M.; Hommel, JD.; Cunningham, KA.; Chen, J. e Cheng, X. (2013). Maior sensibilidade à leptina, adiposidade reduzida e melhor homeostase da glicose em camundongos com falta de proteína Exchange diretamente ativada pela isoforma 1 do cAMP. *Mol Cell Biol,* 33(5):918-926. doi: 10.1128/MCB.01227-12.
Yoon, YC.; Kim, S.; Kim, MJ.; Yang, HJ.; Rhyu, M. e Park, J. (2015). A piperina, um componente da pimenta preta, diminui os níveis de cAMP e cálcio induzidos pelo eugenol em células 3T3-L1 não quimiossensoriais. *FEBS Open Bio,* 5:20-25.
Zhang, C.; Wang, G.; Zheng, Z.; Maddipati, KR.; Zhang, X.; Dyson, G.; Williams, P.; Duncan, SA.; Kaufman, RJ. e Zhang, K. (2012).Endoplasmic reticulum-tethered transcription fator cAMP responsive element-binding protein, hepatocyte specific, regulates hepatic lipogenesis, fatty acid oxidation, and lipolysis upon metabolic stress in mice. *Hepatologia,* 55(4):1070-1082

Índice

MIX
Papier aus verantwortungsvollen Quellen
Paper from responsible sources
FSC® C105338

Printed by Books on Demand GmbH, Norderstedt / Germany